U0177731

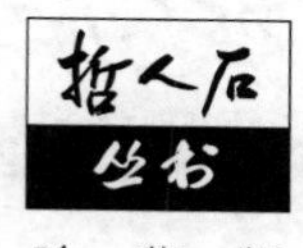

珍 藏 版

Philosopher's Stone Series

哲人石丛书

立足当代科学前沿

彰显当代科技名家

绍介当代科学思潮

激扬科技创新精神

珍藏版策划

王世平　姚建国　匡志强

出版统筹

殷晓岚　王怡昀

何为科学真理

月亮在无人看它时
是否在那儿

The Truth of Science

Physical Theories and Reality

Roger G. Newton

[美]罗杰·G·牛顿——著

武际可——译

上海科技教育出版社

出版前言

“哲人石”，架设科学与人文之间的桥梁

“哲人石丛书”对于同时钟情于科学与人文的读者必不陌生。从1998年到2018年，这套丛书已经执着地出版了20年，坚持不懈地履行着“立足当代科学前沿，彰显当代科技名家，绍介当代科学思潮，激扬科技创新精神”的出版宗旨，勉力在科学与人文之间架设着桥梁。《辞海》对“哲人之石”的解释是：“中世纪欧洲炼金术士幻想通过炼制得到的一种奇石。据说能医病延年，提精养神，并用以制作长生不老之药。还可用来触发各种物质变化，点石成金，故又译‘点金石’。”炼金术、炼丹术无论在中国还是西方，都有悠久传统，现代化学正是从这一传统中发展起来的。以“哲人石”冠名，既隐喻了科学是人类的一种终极追求，又赋予了这套丛书更多的人文内涵。

1997年对于“哲人石丛书”而言是关键性的一年。那一年，时任上海科技教育出版社社长兼总编辑的翁经义先生频频往返于京沪之间，同中国科学院北京天文台（今国家天文台）热衷于科普事业的天体物理学家卞毓麟先生和即将获得北京大学科学哲学博士学位的潘涛先生，一起紧锣密鼓地筹划“哲人石丛书”的大局，乃至共商“哲人石”的具体选题，前后不下十余次。1998年年底，《确定性的终结——时间、混沌与新自然法则》等“哲人石丛书”首批5种图书问世。因其选题新颖、译笔谨严、印制精美，迅即受到科普界和广大读者的关注。随后，丛书又推

出诸多时代感强、感染力深的科普精品，逐渐成为国内颇有影响的科普品牌。

"哲人石丛书"包含4个系列，分别为"当代科普名著系列"、"当代科技名家传记系列"、"当代科学思潮系列"和"科学史与科学文化系列"，连续被列为国家"九五"、"十五"、"十一五"、"十二五"、"十三五"重点图书，目前已达128个品种。丛书出版20年来，在业界和社会上产生了巨大影响，受到读者和媒体的广泛关注，并频频获奖，如全国优秀科普作品奖、中国科普作协优秀科普作品奖金奖、全国十大科普好书、科学家推介的20世纪科普佳作、文津图书奖、吴大猷科学普及著作奖佳作奖、《Newton-科学世界》杯优秀科普作品奖、上海图书奖等。

对于不少读者而言，这20年是在"哲人石丛书"的陪伴下度过的。2000年，人类基因组工作草图亮相，人们通过《人之书——人类基因组计划透视》、《生物技术世纪——用基因重塑世界》来了解基因技术的来龙去脉和伟大前景；2002年，诺贝尔奖得主纳什的传记电影《美丽心灵》获奥斯卡最佳影片奖，人们通过《美丽心灵——纳什传》来全面了解这位数学奇才的传奇人生，而2015年纳什夫妇不幸遭遇车祸去世，这本传记再次吸引了公众的目光；2005年是狭义相对论发表100周年和世界物理年，人们通过《爱因斯坦奇迹年——改变物理学面貌的五篇论文》、《恋爱中的爱因斯坦——科学罗曼史》等来重温科学史上的革命性时刻和爱因斯坦的传奇故事；2009年，当甲型H1N1流感在世界各地传播着恐慌之际，《大流感——最致命瘟疫的史诗》成为人们获得流感的科学和历史知识的首选读物；2013年，《希格斯——"上帝粒子"的发明与发现》在8月刚刚揭秘希格斯粒子为何被称为"上帝粒子"，两个月之后这一科学发现就勇夺诺贝尔物理学奖；2017年关于引力波的探测工作获得诺贝尔物理学奖，《传播，以思想的速度——爱因斯坦与引力波》为读者展示了物理学家为揭示相对论所预言的引力波而进行的历时70年的探索……"哲人石丛书"还精选了诸多顶级科学大师的传记，《迷人的科学风采——费恩曼传》、《星云世界的水手——哈勃传》、《美丽心灵——纳什传》、《人生舞台——阿西莫夫自传》、《知无涯者——拉马努金传》、《逻辑人生——哥德尔传》、《展演科学的艺术家——萨根传》、《为世界而生——霍奇金传》、《天才的拓荒者——冯·诺伊曼传》、《量子、猫与罗曼史——薛定谔传》……细细追踪大师们的岁月足迹，科学的力量便会润物细无声地拂过每个读者的心田。

"哲人石丛书"经过20年的磨砺，如今已经成为科学文化图书领域的一个品牌，也成为上海科技教育出版社的一面旗帜。20年来，图书市场和出版社在不断变化，于是经常会有人问："那么，'哲人石丛书'还出下去吗？"而出版社的回答总是："不但要继续出下去，而且要出得更好，使精品变得更精！"

"哲人石丛书"的成长，离不开与之相关的每个人的努力，尤其是各位专家学者的支持与扶助，各位读者的厚爱与鼓励。在"哲人石丛书"出版20周年之际，我们特意推出这套"哲人石丛书珍藏版"，对已出版的品种优中选优，精心打磨，以全新的形式与读者见面。

阿西莫夫曾说过："对宏伟的科学世界有初步的了解会带来巨大的满足感，使年轻人受到鼓舞，实现求知的欲望，并对人类心智的惊人潜力和成就有更深的理解与欣赏。"但愿我们的丛书能助推各位读者朝向这个目标前行。我们衷心希望，喜欢"哲人石丛书"的朋友能一如既往地偏爱它，而原本不了解"哲人石丛书"的朋友能多多了解它从而爱上它。

上海科技教育出版社

2018年5月10日

“哲人石丛书”:20年科学文化的不懈追求

◇ 江晓原(上海交通大学科学史与科学文化研究院教授)
◆ 刘兵(清华大学社会科学学院教授)

◇ 著名的“哲人石丛书”发端于1998年,迄今已经持续整整20年,先后出版的品种已达128种。丛书的策划人是潘涛、卞毓麟、翁经义。虽然他们都已经转任或退休,但“哲人石丛书”在他们的后任手中持续出版至今,这也是一幅相当感人的图景。

说起我和“哲人石丛书”的渊源,应该也算非常之早了。从一开始,我就打算将这套丛书收集全,迄今为止还是做到了的——这必须感谢出版社的慷慨。我还曾向丛书策划人潘涛提出,一次不要推出太多品种,因为想收全这套丛书的,应该大有人在,将心比心,如果出版社一次推出太多品种,读书人万一兴趣减弱或不愿一次掏钱太多,放弃了收全的打算,以后就不会再每种都购买了。这一点其实是所有开放式丛书都应该注意的。

“哲人石丛书”被一些人士称为“高级科普”,但我觉得这个称呼实在是太贬低这套丛书了。基于半个世纪前中国公众受教育程度普遍低下的现实而形成的传统“科普”概念,是这样一幅图景:广大公众对科学技术极其景仰却又懂得很少,他们就像一群嗷嗷待哺的孩子,仰望着高踞云端的科学家们,而科学家则将科学知识“普及”(即“深入浅出地”单向灌输）给他们。到了今天，中国公众的受教育程度普遍提高，最基础的科学教育都已经在学校课程中完成，上面这幅图景早就时过境迁。传统“科普”概念既已过时，鄙意以为就不宜再将优秀的“哲人石丛书”放进“高级科普”的框架中了。

◆ 其实，这些年来，图书市场上科学文化类，或者说大致可以归为此类的丛书，还有若干套，但在这些丛书中，从规模上讲，“哲人石丛书”应该是做得最大了。这是非常不容易的。因为从经济效益上讲，在这些年的图书市场上，科学文化类的图书一般很少有可观的盈利，出版社出版这类图书，更多地是在尽一种社会责任。

但从另一方面看，这些图书的长久影响力又是非常之大的。你刚刚提到“高级科普”的概念，其实这个概念也还是相对模糊的，后期，“哲人石丛书”又分出了若干子系列，其中一些子系列，如“科学史与科学文化系列”，里面的许多书实际上现在已经成为像科学史、科学哲学、科学传播等领域中经典的学术著作和必读书了。也就是说，不仅在普及的意义上，即使在学术的意义上，这套丛书的价值也是令人刮目相看的。

与你一样，很荣幸地，我也拥有了这套书中已出版的全部，虽然一百多部书所占空间非常之大，在帝都和魔都这样房价冲天之地，存放图书的空间成本早已远高于图书自身的定价成本，但我还是会把这套书放在书房随手可取的位置，因为经常会需要查阅其中一些书，这也恰恰说明了此套书的使用价值。

◇ “哲人石丛书”的特点是：一、多出自科学界名家、大家手笔；二、书中所谈，除了科学技术本身，更多的是与此有关的思想、哲学、历史、艺术，乃至对科学技术的反思。这种内涵更广、层次更高的作品，以“科学文化”称之，无疑是最合适的。在公众受教育程度普遍较高的西方发达社会，这样的作品正好与传统“科普”概念已被超越的现实相适应。

所以“哲人石丛书”在中国又是相当超前的。

这让我想起一则八卦：前几年探索频道（Discovery Chanrel）的负责人访华，被中国媒体记者问到“你们如何制作这样优秀的科普节目”时，立即纠正道：“我们制作的是娱乐节目。”仿此，如果“哲人石丛书”的出版人被问到“你们如何出版这样优秀的科普书籍”时，我想他们也应该立即纠正道：“我们出版的是科学文化书籍。”

这些年来，虽然我经常鼓吹“传统科普已经过时”、“科普需要新理念”等等，这当然是因为我对科普作过一些反思，有自己的一些想法。但考察这些年持续出版的“哲人石丛书”的各个品种，却也和我的理念并无冲突。事实上，在我们两人已经持续了17年的对谈专栏“南腔北调”中，曾多次对谈过“哲人石丛书”中的品种。我想这一方面是因为丛书当初策划时的立意就足够高远、足够先进，另一方面应该也是继任者们在思想上不懈追求与时俱进的结果吧！

◆ 其实，究竟是叫“高级科普”，还是叫“科学文化”，在某种程度上也还是个形式问题。更重要的是，这套丛书在内容上体现出了对科学文化的传播。

随着国内出版业的发展，图书的装帧也越来越精美，“哲人石丛书”在某种程度上虽然也体现出了这种变化，但总体上讲，过去装帧得似乎还是过于朴素了一些，当然这也在同时具有了定价的优势。这次，在原来的丛书品种中再精选出版，我倒是希望能够印制装帧得更加精美一些，让读者除了阅读的收获之外，也增加一些收藏的吸引力。

由于篇幅的关系，我们在这里并没有打算系统地总结“哲人石丛书”更具体的内容上的价值，但读者的口碑是对此最好的评价，以往这套丛书也确实赢得了广泛的赞誉。一套丛书能够连续出到像“哲人石丛书”这样的时间跨度和规模，是一件非常不容易的事，但唯有这种坚持，也才是品牌确立的过程。

最后,我希望的是,“哲人石丛书”能够继续坚持以往的坚持,继续高质量地出下去,在选题上也更加突出对与科学相关的“文化”的注重,真正使它成为科学文化的经典丛书!

2018年6月1日

对本书的评价

◇

怎样通过科学获得可靠的结论，在物理学家看来，这一过程充满着神奇，就像那些看起来常常让人感到神奇的结论一样。本书以质朴的文字描述了这一过程。它的水平、篇幅和深入浅出会使广大读者感到亲近。读过此书之后，就会发现关于科学认识论最流行的那些议论都显得冗长乏味，思想混乱。

——赫施巴赫(Dudley R. Herschbach)，

1986年诺贝尔化学奖得主

内容提要

近来引起争论的不是某个科学真理，而是真理本身——恰恰是关于科学真理的观念。围绕这个观念引发了一场文化战争，许多人以嘲讽的、雄辩的以及逆反的口吻声称，诸如可检验的客观真理之类的东西并不真的存在，因而，也不可能存在所谓科学的权威。对此，本书发出了一种理性的声音，给出了一个明确的建设性的意见。

这是一位著名物理学家给我们的稀有礼物，能够帮助我们对那些最复杂的科学观念有所领悟。罗杰·牛顿的书将引导我们漫游物理科学的智识结构，他以其对模型、事实和理论、直觉和想象、类比和隐喻的应用，数学（现在，是计算机）的重要性，以及微观粒子物理学的"虚拟"实在的亲身感受，带领我们穿越最前沿的科学理论——现代物理学生成的实在。本书是一个实干科学家对科学的基础、过程和价值的阐释。

对于科学是一种社会建构的声称，牛顿以科学家的工作信条作出应答："一组判断如果能构成一个一致的整体，并且在外部世界和我们内心中都有效，就是真的。"对于牛顿来说，科学真理不是别的，正是对权威无情的拷问，对客观性无尽的探索，而这一过程，从最全面的理解看，是无止境的。本书以其对科学的理念、方法和目标的清晰阐述，很好地呈现了这一真理。

作者简介

罗杰·G·牛顿(Roger G. Newton),印第安纳大学物理学系荣誉教授,著有《探求万物之理——混沌、夸克与拉普拉斯妖》(中文版已列入上海科技教育出版社“哲人石丛书·当代科普名著系列”出版)和《考察物理学》。

献给鲁思

CONTENTS

目录

目录

前 言

尽管促使我写作这本书的原因是:一个目前时髦的社会学家群体描述科学及其成果的方式让我愤慨——就是这种描述引发了所谓的科学战争(science wars),我并不打算针对此观点的传播者而展开争论,只在一章中稍详细地专门提到他们。我的目的是建设性的:阐述物理科学的智识结构和现代物理引起的对实在(reality)的理解,而现代物理是最先进的和理论上最成熟的科学。有时,我将冒险跨出这个领域,而我抓住的一些最重要的问题,特别是那些涉及理论的作用和实在的性质的问题,假使在其他学科中有不同看法的话。然而,对于像真理这样的大问题,我从物理学角度描述的深思熟虑的结果,也可以很好地用于科学的全体。

本书打算写给任何受过一定科学教育的人,而不是专门写给职业哲学家或科学社会学家。由于设想部分读者并不具有物理学专门知识,我援引的许多用以说明的例子都给出了充分的解释。有些章节比起其他章节要求更多的知识,其中要数在量子理论占统治地位的亚微观层次上讨论那个令人困惑的实在难题(problem of reality)的第十章为最难。恐怕这是难免的;甚至对平常使用量子力学的物理学家们,我们讨论的问题也是很难的。用它们与我们必须解答的其他问题没什么两样这种错误的推论,去尝试做肤浅的表达,是毫无意义的。确实,虽然哲学家长期以来为其中许多问题争斗不休,我偶尔还是要暗示,他们的解答相较实际情况而言太简单,为此我预先向读者致歉。然而,我没有理由去搅起大量的尘土然后抱怨人们视而不见,就像莱布尼兹(Leibniz)所责怪的哲学家们之所为。

我要感谢参与过启发性讨论的许多人，其中我想特别提及福瓦(Ciprian Foias)、戈登(Howard Scott Gordon)、格兰特(Edward Grant)、考尔格(Noretta Koertge)和已故的韦斯特福尔(Richard S. Westfall)。尤其要感谢我的妻子鲁思(Ruth)在本书写作中宝贵的、不知疲倦的编辑协助。

绪论

对科学的敌意

作为两种相互冲突的文化先驱——18世纪欧洲的启蒙运动(理智的、有序的、整齐的)与其后的浪漫主义(自由的、创造的、非理性的和否定的)回应——的后继者,我们驾驭着为一股潜行的逆流所威胁的科学的波涛,接近我们这个千年之末。由此波峰上,我们看到近代科学流星般升起,它使西方及其余大部分世界享受到空前的、难以想象的经济繁荣。在20世纪中,大大加快了的科学进步的步伐使得早先人类关于宇宙的知识显得原始而又浅陋。现在,我们有理由确信我们了解了从原子的内部到遥远的恒星、宇宙构造与组成的大部分;我们能够成功地解释物质及其组分之间的力的基本过程的机制;并且我们正在打开从基因到大脑的生命之谜。

在我们的"科学时代"里,这种知识的成果随处可见;它们改变了我们的生活,使我们战胜许多可怕的致命疾病,把我们的寿命延长了一倍。无线电和电视的通讯、汽车和飞机的交通、计算机的信息传输,把我们的星球缩小为一个地球村。无论正当与否,所有这些发展已经给科学以前所未有的威信;科学家们被召唤来对公众害怕的和希望的事情作裁决和预言,在我们的社会中,人们信赖他们超过任何别的群体。

但是,对科学的内容与特点的一种可悲的忽视到处可见,不是把科学当作基础研究而是当作包治百病的技术与药方：科学被希望用来改善电视、建造更快的飞机、制造更具威力的武器、治疗癌症和艾滋病。进而，科学及其应用（果树及其果实）这种普遍存在的混淆，使得在某些人想象中，砍掉了果树还可以不断收获果实。另一些人则仅仅看到科学进步的阴暗面：破坏性武器不断增加、环境不断退化。一个世纪以前，有过一种对技术收获的巨大的单纯的狂热（公众对1893年芝加哥的哥伦比亚世界博览会和1904年在圣路易斯的世界贸易会的反应就是明证）。今天，对科学的反应很可能是敌意。在西方，人们现在对科学作为技术结构的支撑与源泉的价值提出了质疑，而在世界的其他地区只有对之羡慕。正是科学的成功，种下了仇视它的种子。

这种主要是指向物理科学和生物科学的仇视来自两个相反的方向。那些对广泛的道德上的和文化价值上的堕落而失望的人，由于确定性和安全性的舒适感从他们的精神寄托中丧失，便责备科学上的怀疑论和永恒的不确定性。这些批评者设想回到一种单纯的时代，在其中，有信仰的人们由于通过科学了解了世界而更专注，并且可能基于对宗教权威的崇尚，导向符合道德的和伦理的行为。从相反的方向，某些新近的欠发达的社会科学和政治科学的实际工作者开始怀疑：通过科学是否能真正地认识世界。他们坚持，我们所有人，包括在过去被夸大地描绘为不食人间烟火的科学家们，都是我们环境的产物：我们思想的发生和我们推理与观察的阐述皆带有种族、性别、阶级的烙印。然而开始于实际观察的理智和哲学观点，经常被不恰当地延伸而以歪曲告终，有时甚至到面目全非的地步。某些有影响的社会学家信誓旦旦地宣称，过去400年来由大量观察、实验与思索辛辛苦苦得到的科学成果，与大自然和所研究的外部世界毫无关系，而不过是类似神话与仙女传说的叙事，或者是社会协约的结果。他们认为，科学的"真理"表达了创立那些真理的群体的特定观点，并且是为了该群体的政治利益而设计的。

当然,大部分物理学家和生物学家不受干扰地继续他们的工作。但是,在伪科学(pseudo-science)泛滥的时期,占星术把流行的问答游戏以及排定美国总统的日程表标榜为科学,有些学校被迫讲授"创世科学"以代替进化论,相对主义思潮如今在大学和知识分子中流行将对未来的议员和有教养公众产生有力的影响。这些(很难说对一些被误导的无知者是无害的)观念,注定要损害我们的社会,腐蚀作为一个整体的文明。一个充满了愚昧和迷信的世界,是一个充满恐怖、仇恨和惊慌的世界。

对科学所提出和设置的问题的社会影响是很难抵制的;这种观念既不是新的也不是有特别争议的。我清楚地记得弗兰克(Philipp Frank),实证主义者维也纳学派的成员之一,在哈佛大学讲演时谈到这种观念,那时我还是一个学生,是约50年前的事。科学的结果不是基于对在与世隔绝的实验室里或象牙塔中单靠理智工作而得到的裸露事实的质朴领悟,也不是像现今某些有影响的随心所欲的评论家所描绘的,是他们协同一致的叙事、出于政治目的的神话、对内外社会压力的反应所产生的语言制品。科学的成败取决于其有效性,而非取决于形成其巨大的观念结构的那些东西。由于我们完全生活在其中的混乱的社会潮流,那些主张这些观念的内容毫无理性关联的人,可以清楚地归咎于从事哲学家劳丹(Larry Laudan)所称的"最显赫的和最有害的……我们时代的反对知识主义。"[1]他们在大学中干得最为成功,他们攫取全部知识与认识价值的合理思想,仅留下空洞的漂亮外壳。有些人将科学家们的认识价值错误地表述为犹如编造神话一样,从根本上来说,这就是那些比任何人都珍重理性的科学家们的感情,被他们深深地伤害了的缘故。

在反对这种把科学描述为神话的观点的时候,我们也不应当把400年来科学方法的产生与繁荣看作不可避免的发展——毕竟它只是在一种文化中被持续珍重着。正因为如此，尽管其影响是深远的，我们可以把它当作一种约定(convention)。因此，我的出发点是**约定论**(conventionalism)的哲学观念。在第一章，我将从科学本身来讨论这一观点，即理论的乃至基于实验结果的观念大半都是约定。在考察个别的理论时，我发现其某些部分，当然不是全部，确实是约定的，不过那种甚至把逻辑和数学都看作约定的断言，证明是缺乏说服力的。

第二章将针对一种新的约定论。我首先来考察这种论点：影响科学的源泉不是大自然本身。外在的社会影响和政治影响当然存在，不过社会学家们和历史学家们时不时地夸大它们的重要性。但是名为"相对主义社会建构论"(relativistic social constructivism)的有害变种，以其极端的形式，主张所有的科学理论乃至它们的基本事实，都是与大自然的任何事物毫无关联的社会建构(social constructions)。我将详细考察和批评某些最有名的这种建构论者的著作，对他们的论点我绝对不能苟同。本书的其余部分致力于揭示物理科学的结构与目的，为讨论它们的真理问题做准备。

大多数物理学家的首要目的是认识和解释大自然的运转。在第三章中，我将研究解释的含义，考察用于这种目的的多种理论方案。如在统计热力学中的时间箭头那样，它把打碎了而不能回复的泥娃娃保持在碎片状态，有些这样的理论导致了涌现性质(emergent properties)的发现，而这些性质在较低层次上是没有的。大多数物理学的分支学科，是由局部理论形成的，这些局部理论由普遍理论在特殊的近似和假设下导出。由于这些理论更接近于现象，它们引导专家们去建立对科学家或数学家来说最重要的品质——直觉。不可避免地，在分支学科和各种科学之中存在着层次关系，层次的划分不是按照价值大小而是按照依存关系，全部科学在此意义上是基于还原论的，大致如此。

在第四章，我将讨论科学家用于认识的若干主要工具。模型在科学解释中总是起着重要的作用,它有时被作为实在的准确描述,可有的时候这种准确性要差一些。靠熟悉的现象,类比和隐喻也是帮助我们了解新现象的重要解释工具。我将简要考察涉及历史的一系列特殊范畴的理论:地球成因说、宇宙起源说和生物进化说。按照我对人存原理的评论,我发现这需要一种对宇宙的科学解释模式。

按照一般的认识,科学是基于事实的。在第五章,我将把个别事实(individual facts)和普遍事实(general facts)加以区分,并指出除了上述三种与历史有关的理论之外,只有普遍事实是科学所感兴趣的。事实是如何确立的?许多事实是依赖于理论的,因而被称为"渗透着理论的"事实,尽管这种说法不无问题,但它还是解释其可靠与稳定的不错的理由。我给出了好些著名的伪事实(pseudo-facts)的例子。

当强调理论的来源和它们赖以建立的证据基础的区分时,第六章将考察理论怎样来自事实的问题。不过这些理论的来源寓于想象之中,而想象经常是非理性的而且受社会的和心理的影响,它们的来源并不是基于那些它们被接受的事实。这对于数学定理也是一样的,它们的证明与它们的想象来源无关。理论是如何被检验的?我将考察波普尔(Karl Popper)看来比可证实性(verifiability)更为重要的可否证性(falsifiability)判据。存在判决性实验么?理论更替时发生了什么?一种有用的普遍指导由"科学方法"所提供,但是这种方法决不能被解释为约束。在科学中对于可接受性(acceptability)的支持或反对的最重要判据,是公开的可达证据;对于数学,"接受"能通过每一个数学家审核的普遍证明而获得。这才是确保结果的客观有效性和随之而来的结构稳定性的东西。

数学在科学中,最显著的是在物理学中,起着极为重要的作用。我将在第七章中发问,数学的威力的来源是什么,为什么它如此有效?回顾它的历史作用的变化,我们发现目前计算机起着一种有意义的补充作用，可以影响到哪些种类的问题能够得到求解。数学的本质决定了它与科学的关系。定理是被发明的还是被发现的？什么是数学证明，现代科学是否能用一种未经证明的数学获得发展？

因果性，乃科学的基本解释原则，是第八章的主题，它是由亚里士多德(Aristotle)的动力因留存下来，到休谟(Divid Hume)将其撕裂之后成熟起来的。作为一种普遍的经验，原因总是在结果之先，这一特征在物理学的某些领域中至为重要。我将评述决定论教条及牛顿方程的近代起源，按照决定论该方程的结论是，物理系统状态是由这些方程的性质确定的。量子理论的一种分析表明，尽管经常有相反的断言，它也是决定论的。然而，知道了系统的量子状态，和知道了经典状态是不同的。在这一点上，概率论被牵扯进来了。我稍详细地讨论了概率论的观念，包括频率定义和波普尔的倾向性理论(propensity theory)，量子力学的诠释是两者的重要支撑，并且把它们引向实在观点。

最后三章将更为深入地考察物理科学中涉及的实在与真理的基本问题。在把实在论(realism)同唯心论(idealism)作对比之后，第九章转向于经典物理学中被看作真实的存在体(entities)。不过在某些科学家的心目中它们的实在性是不清晰的。在19世纪，占统治地位的两个概念是：粒子，很早以前德谟克利特(Democritus)就告诉人们，它是形成所有物质结构的基础；还有场，是由法拉第(Michael Faraday)引入的，它在粒子之间传递力。对全部基本物理观念实在性的怀疑于20世纪初开始增强，当时爱因斯坦(Einstein)的相对论提出了关于“真实”长度和时间的问题，而正是量子理论，其粒子无身份或运动轨迹，带来关于实在的最基本的问题。现在看来，由于有普遍的波粒二象性，似乎一切都瓦解了；一些细小的客体在微不足道的短时间内“存在”而随后就衰变掉，或者夸克之类的粒子的存在性从未被单独发现过，对这些事物的实在性的含义我们搞不清楚。许多真实的(real)的东西似乎成了“虚的”

(virtual),我的结论是实在论依赖于旁观者的观点的尺度。主要的困难来自我们语言的局限性,语言受日常生活的尺度所限,对微观世界似乎不大适用。

第十章进入由物理实在性在亚微观尺度下产生的难题,在这里我们除了面对量子的困惑和悖论外,别无选择。在讨论了波函数的解释和它的神秘"坍缩"之后,我就转向量子理论中最严重的实在性问题;介绍了以玻尔(Bohr)和爱因斯坦居相对两阵营的著名的EPR辩论和"关联性"(entanglement)。贝尔(Bell)的不等式提供了以实验检验爱因斯坦研究的方法,其证据是偏向玻尔的,爱因斯坦寻求的是无需"幽灵般的超距作用"的"实在性要素"的存在。如果我们宁愿使用粒子和波这样的概念的话,量子场论是能够自动产生粒子和波的良方。当我把粒子和波归结为我们的不恰当语言的表达时,我关于亚微观实在的观点乃基于这种量子场之上。

最后,第十一章将把真理概念应用于科学。把真理的定义与识别真理的判据相区分,我采用一致性(coherence)作为一种验证——如果一组判断能构成一个一致的整体,并且在外部世界和我们内心中都有效,就是真的。科学只能逐渐接近而永不能达到那个大家公开寻求的真理,真理首先是公众的和公开追求的。受玩世不恭的人和空想家的抨击,客观性是一个不可忽视的组成目标,尽管存在个人偏好,科学家必须克服这些困难,为客观性而奋斗。追求真理和客观性的理念,即科学家不言而喻地所取的和实现的目的和价值,并不总是显而易见地成功的,这也许可以称为"科学态度"。尽管目前有持续的批评,科学态度仍然大大促进了文明。

注释:

1. Laudan, *Science and Relativism*, p.x.

第一章

约定

实验得到的证据是给所有的人去看的,而普遍的证明要经受得住推敲。这种要求对其他文化来说既不是显然的也不是与之同源的。这就是古希腊人为我们认识大自然和为我们掌握数学关系打下的基础。由巴比伦人、埃及人、印度人和中国人所追求的那种数学给人许多洞察力,但是据我们所知,从未包含**证明**的观念。当这些文明通过试错(通过观察和检验而不是遵循传统)发展了重要的技术进步时,他们没有达到关于大自然的基于可重复、分析、争辩的观察和实验上的普遍性命题。的确,他们关于大自然的观点更多地依赖于神圣的典籍、贤人的威望、个人的经验和纯粹思辨。物理学家克罗默(Alan Cromer)在《非常识——科学的异端本性》中认为,这种古希腊的方法论与那种他所称的聚集知识的"自我中心"的态度正好相反,而这种态度迄今还遍及其他文化并支配着大多数人:"科学思考并未而且不能从犹太教和基督教的预言传统中发展出来,它来自完全不同的传统。"[1] 类似地,生物学家沃尔珀特(Lewis Wolpert)确信:"未受古希腊影响的信仰体系几乎普遍相信人和自然是密不可分的,这种哲学提供了一种人类行为的基础,而不是解释外部世界的基础。"[2]

希腊文化的这种珍贵的创新休眠了若干世纪,被阿拉伯人通过记忆和翻译保留了下来。其后，在中世纪晚期，它由阿拉伯文本被翻译为拉丁文，重又被引进到欧洲的智识中。在文艺复兴时代它又生长了起来，带来了近代科学的全盛。爱因斯坦在一封信中写道：

> 西方科学的发展基于两个伟大的成就，古希腊哲学家们发明的形式逻辑系统（在欧几里得几何中），和发现由系统的实验寻找因果关系的可能性（在文艺复兴时）。在我看来，中国的贤人们没有达到这一步是不足为奇的。可惊奇的是这些发现已经全然做到了。[3]

于是，爱因斯坦、沃尔珀特、克罗默及其他人有说服力地主张，近代科学，不是一种必定在文明种族中出现的观察世界的自然方法，而是一种在人类历史中仅一次出现的、经历了长期危险的休眠而幸存的、特别的、大有成效的方法。它的出现既不是不可避免的，其价值也不是一开始就显而易见的。事实上，从一开始它就受到强劲抵制，并且直至今日还受到抵制，不仅被宗教的原教旨主义者而且被时髦的政治集团所抵制。例如，反对势力来自"新时代"信徒、来自激进的女性主义者，哲学家哈丁（Sandra Harding）宣称：他们的科学方案"强调把个人经验作为知识来源。"[4]但个人经验是不能为公众重复的，恰恰是在近代科学中毫无地位的那种证据。

作为一种约定的科学方法

17世纪在玻意耳（Robert Boyle）与霍布斯（Thomas Hobbes）之间的争论，给出了历史上在实验科学的概念出现时，引起争辩的一个很好的例子。玻意耳改进了一种从容器中抽出空气的泵的结构，用它可以在他的实验室中产生比以前高得多的真空，从而允许他在不同压强下进行气体实验。尤其是,从他的数据得出了现在我们所说的**玻意耳定律**:在固定温度的条件下,当气体的压强或体积变化时,两者的乘积保持常量。

不只是他特别的发现,人们通常把实验室科学的整体观念的发展,都归功于玻意耳。在他的观念中,实验不仅仅是衣着考究的绅士面对公众表演以获取信任的步骤,也该是为了回答关于大自然问题的步骤。当玻意耳的结果与其他人[例如惠更斯(Christiaan Huygens)]的结果冲突时,他依靠他的高质量的可以给他可靠回答的空气泵,由那些目击该实验的人来证实。这样,他"要问的不是(惠更斯的)推理,而是他的泵的可靠性"。[5]任何人如果有像他那样好的泵,将可重复该实验得到同样的结果,这一重要的新推理路径还具有较少个人因素的优点。

由求助于见证和可重复的实验检验来回答"哲学"问题的此种新方式,受到霍布斯的激烈抨击。对他来说,真空是一个形而上学观念。在他看来,玻意耳所做的没有哲学上的合理性,其方法不仅是错误的,实际上也是危险的。玻意耳的实验依赖于精心构造的工具和皇家学会会员的见证,而不是合理的思考。正如夏平(Steven Shapin)和谢弗(Simon Schaffer)在对这场争论的研究中所言:"霍布斯主张实验的生活形式不能产生有效的结论:它不是**哲学**。"[6]在霍布斯的思考方式中,只有合理的推理是重要的,而经验数据被认为是短命的:"霍布斯的哲学不需要在事实的见证与检验中寻求知识的基础:一个人不能把哲学植入'梦想'之中。"[7]当然,玻意耳与霍布斯的对立,很久以前在亚里士多德和柏拉图(Plato)之间就已发生。

这类争论所显示的是,我们现时所使用的科学方法,并没有促使自己成为人类意识中逻辑上的必然或必须。这样,把它称为约定是合适的。布卢尔(Divid Bloor)就科学要求写道:"遵守它的标准化的步骤,这些步骤宣称经验仅当它是可重复的、公众的和非个人的情况下才是可信的。这样就可以确定具有这种特征的实验是无可争辩的。然而，知识在决定性地应当与我们经验相联系的方面，是一种社会规范。……知识的其他活动和其他形式有其他的规范。”[8]确实，在许多文化中，无论是古老文化还是当代文化，知识并没有被置于科学的方式基础之上。

但是，如同许多约定论者所强调的，说某些事情是一种约定，并不一定说它**只**是约定。在同意所采取的科学方法是一种约定时，我的意思并不是说它可以是前后不一贯的或完全随意的，如果那样，某些民族和某些文化就不会接受它也不会指望用它来获得知识。然而，这种选择具有深远的智识的和实际的结果。一方面，它使我们对大自然的认识大大地丰富起来，并且得到了基于科学的技术和医疗药物；另一方面，它导致精神贫困和技术的有害结果。

科学内的约定论

如果我们可以同意科学方法是一种约定，那么我们必然的结论是，这种方法所得的结果，即科学的定律和理论，是否也是约定？这是约定论一个被称为**唯名论**(nominalism)的极端形式的学派所提出的基本问题，该学派是在某些当代有影响的思想家中迅速生长的有害的变种。他们主张所有的科学结果和理论都是约定，不言而喻，至少在某些人的心目中，要么这些结果对现实世界全然没有说明什么，要么就是大自然和实在是由这些约定所**定义**的。

有几次，爱因斯坦表现了某种看起来是约定论者的心情，他写道："科学是……人类意识以其自由发明的观念和概念进行的创造"[9]，他在1933年斯宾塞(Spencer)讲座上说，理论是“人类理智的自由发明”。不过应当注意，语境限定了这些话的有效性：

> [物理理论系统]的结构是理性的工作;经验的内容和它们的相互关系必然可以在理论的结论中找到表达。支撑它的独有的价值和全部系统的证实,特别是支撑它的概念和基本原理的证实,处于这种表达的可能性中。后者是区别于那些既不能为理智的性质证实,也不能为其他形式的**先验**证实的人类理智的自由编造物。[10]

此外,约定论似乎是莱布尼兹哲学对实在的一种表述:

> 曾对这一主题深入思考的每一个人都不会否认:感觉理解的世界实际上唯一地决定了理论体系,尽管不存在从理解导向理论基本定律的逻辑路径;这就是莱布尼兹美其名曰的"预立的协调"。[11]

因而,把爱因斯坦的科学观当成约定论是一种错误。

另一方面,法国伟大的数学物理学家庞加莱(Henri Poincaré)确实是一位约定论者,他的主张值得摘录得略长一点:

> 我们还将看到,存在若干类假设;有些假设可验证,一旦被实验确证了便成为富有成效的真理……最后,另一些只是看上去是假设,其实可还原为装饰过的定义或约定。
>
> 在数学或有关的科学中遇到的全是上述的后一种假设。因此,这些科学得到严密性;这些约定是我们意识自由活动的成果,我们的意识自认在这些领域中没有障碍。这里,由于我们的意识可以颁布法令,所以我们可以宣判;但是我们应了解这种法令是加于**我们的**科学上的,没有它们,将不可能有科学,它们没有强加于自然界。可是它们是任意的么?不,如果这样的话,它们将是无成效的……[12]

庞加莱更明确地认为：

> 那么，力学原理是以两种不同的面貌展现给我们的。一方面，它们是基于实验并被近似证实了的真理。……另一方面，它们是可用于整个宇宙、并被看为严格真实的公理。
>
> 假如这些公理具有普遍性和确定性，这些性质缺少据以成立的实验验证，这是由于经过最后的分析它们归结为纯粹的约定……
>
> 然而，这一约定不是绝对任意的；它不是由我们的心血来潮跳出来的；我们接受它们，因为一定的实验告诉我们它将是方便的。[13]

然而，庞加莱还认识到约定论的范围是有限制的：

> 一些人被科学中某些基本原理中这一可辨认的自由约定的特点所冲击。他们想做分外的推广，而同时，他们忘却了自由并非放肆。这样，他们就走进了所谓的**唯名论**，他们自问，学者是否不是他自己定义的上当受骗者，他所思考的、所发现的世界是否不仅仅是他胡思乱想的创造。在这些情况下，科学可能是确定的，但却失掉了意义。
>
> 如果是这样的话，科学将是无力的。现今，我们每天都在目睹科学的作用。如果它不能告诉我们关于实在的东西，情况便不会是这样。[14]

为了理解科学定律包含约定元素这一命题的论点的有效性和局限性，考察一个范例，即牛顿运动定律，是有启发性的，这个范例将仔细揭示科学在多大程度上可看作约定。重述一下牛顿三定律来加深我们的记忆是有益的：

(1)没有力作用于物体上时，物体保持静止或匀速运动。(2)加速度——物体静止状态或匀速运动状态的改变——要求在加速度同方向作用与加速度成比例的力，比例常量是物体的惯性质量，该定律可写为 $\boldsymbol{F}=\boldsymbol{ma}$。(3)对每一个作用力都有一个大小相等、方向相反的反作用力。

在第二定律中出现的总共三个量，即力、质量和加速度，都有约定的部分。有人可能要说这个定律**定义**我们所称的力，从狭义相对论的观点来看这种理由是十分明白的，在相对论中力概念不是**先验地**清楚的。在那里，第二和第三定律是用来作为**牛顿力**的**定义**的。按照牛顿的观点，力是被设定、或被定义的，一旦速度发生变化它就出现：第一定律指出，如果不受力，物体保持常速度，但速度不一定为零，这与亚里士多德的观念相反，而且也与我们大多数人的日常经验相反。然而，沿着这一思路，如果得出牛顿运动定律不过是一种力概念的定义的结论，便言过其实了。毕竟，每个人都有关于力的某种经验，把力概念看为推或拉具有一种明确的直觉含义。我们感觉到重物的力、拉绳索的力或者尽力把绳索拉直的力。进而，力概念在静力学中也用到过，在那里力的大小可以与运动无关地来测量。这样，表达第二定律的方程的左边便不是一个新发明和定义的概念；它还被一种拟人概念和被独立应用所支持。

另一方面，**加速度**的概念没有多少直观含义，这一点，每一位物理教员在给学生解释加速度和速度的差别时都明白。牛顿定义加速度为速度**关于时间**的变化率、而不是与距离有关的量，这种定义的方式是在中世纪已经习惯了的，它对于运动定律的数学发展来说变得十分重要。由于伽利略的**定义**得到结论说，落体的加速度是常量，任何别的定义可能引起多得多的麻烦事。

最后，物体存在惯性**质量**。这是一个实际上可以说是由第二运动定律定义的物理量。当然，该定律的主要内容是力同加速度成比例(它们是同向的)。同一个词，**质量**既用作比例常量，也用来标度服从万有引力的物体的性质,这导致各种各样的混淆,但是问题至少部分地出在我们的语言上:我们称一个难移动的物体**笨重**(ponderous),这个词的原始意思就是**重**(heavy),指"受到很强的重力"。(其实,牛顿已经注意到阻止加速度的性质和服从引力的性质可以交换使用,在250年之后,这个事实变成了爱因斯坦广义相对论的基础。)

关于牛顿运动定律的约定就说这些,是否可以清楚地说,这些定律**仅仅是约定**,而没有告诉我们什么关于世界的东西呢?当然不是。这些定义包含和隐含有关大自然的结构的大量的、富有成效的、方便的含义。同时,那些约定要素表明,牛顿运动定律不单单是观察的归纳结果,而是丰富的想象力的产物。由此,我得出结论,庞加莱是对的,既要承认科学定律包含有约定要素,又要否认所有的科学成果都是约定的。

约定之所以进入我们关于世界的概念,在于所有的理论都是基于对大自然的**简化**:没有完全准确的适合大自然的理论。例如,一个实际的垒球的轨迹是不能单由求解牛顿方程来精确描述的;要真实地描述它,包括空气阻力、空气湍流、风压、大地和海拔高度的不均匀引起的引力变化等等的全部影响,问题就变得极为复杂。牛顿定律只能直接应用于一个在均匀重力场中、在真空中、没有扰动影响的理想化垒球运动上;其他复杂因素只能在对这一理想化运动的"修正"时计入,这些修正还是以这些定律为基础。牛顿的阐述是由一种比实在要简单得多的理想化世界得到的。这样一种简化,在其他科学中还没有而且也不可能复制,就是它使物理学成为一种强有力的工具。不过显然,简化要求忽略什么,于是保留什么就包含着约定要素。按照亚里士多德的观点,力对维持运动是必需的,这显示为另一种约定,这种约定与日常经验较接近但是能产生的结果却较少;如果我们从亚里士多德的理想化出发,在计算一个球的实际轨迹时,所必需的修正将会十分大并且应用起来要困难得多。此外,在牛顿的情形,每一种修正,即空气阻力、空气湍流、风压等等,我们都能够归因于物理原因;而在亚里士多德的情形,解释将是非常困难的。

约定论者策略

不过,有一种约定论态度会有更多麻烦的结果。在可靠的实验观察结果好像同已确立的理论相冲突时,将是什么情况呢?如果当预言的对大量恒星的引力红移没有被观察到的话,广义相对论将会失败,对这个问题爱因斯坦的回答是:“这时这种理论将令人失望。”[15]但是,在发现理论隐含着一种宇宙的膨胀时,在当时还没有什么证据的条件下,他引进了“宇宙学常量”这种**特别**修改,随后他遗憾地认为是丑陋的。

毕竟,采取把物理定律当作仅仅是种种约定的态度,可以使它易于用理论的“修补”来回避理论与实验的冲突。波普尔认为这是约定论的主要危险,他把这一点看作是驳不倒的。然而,因为这种修补使我们一无所获,他的建议是干脆拒绝它。“避开约定论的唯一方法是采取一种**决断**:不用它的方法。在对我们的系统构成威胁的情形下,我们决定不采用任何**约定论者策略**去拯救它。”[16]

40年前由李政道(T. D. Lee)和杨振宁(C. N. Yang)发现的宇称不守恒定律,是一个避开约定论者策略的出色例子。宇称是诸如量子力学粒子的系统的特性,它代表系统在做镜像反射操作时的反应。一个粒子的宇称“量子数”,要么是+1要么是-1。自然定律在镜像反射下“当然”是不变的,也就是该定律允许的或预言的任何事件的镜像,应当还是以相同的概率被允许和预言产生,这在物理学中作为一种普遍的假设由来已久。“宇称守恒”是这一假设的一个数学结果:任何系统的宇称在诸如粒子衰变事件的前后是相同的。对两个其后称为τ粒子和θ粒子的衰变的实验观察,导致所谓的“τ-θ之谜”:这两个粒子好像具有相同的特性，例如质量和自旋，但是它们的衰变却产生具有相反的宇称。这样一来，在宇称守恒的假设下τ和θ也具有相反的宇称——它们不能是相同的粒子。自然界产生具有除宇称之外特性准确相同的两种不同的粒子，这是极其奇特的事情。这个难题被李政道和杨振宁解决了，他们提出τ和θ事实上是一种粒子而在衰变时宇称**不**守恒。

不用说，这一想法以前在别人的头脑中也闪现过，不过总是被看作一种**特别**修改而不被考虑；这一谜的如此解决，好像正是波普尔警告的，好的科学家总是想法全力去避免的“约定论者策略”。引进一种**特别**假设去“拯救此种现象”，不能说明任何事情，因而在科学上是无用的，**除非它导出可以为实验验证的其他结果**。

这就是李政道和杨振宁满怀信心地去做的事情。引发粒子衰变的相互作用力就是引发核放射性的所谓β衰变的“弱力”。这样，李政道和杨振宁找到了文献并且发现了，尽管宇称守恒在核的β衰变被认为理所当然，但物理学在这一领域的实验并没有就该问题做出特定检验。[17]所以，面对怀疑论和甚至某些著名物理学家的嘲笑，他们提出了一个专门的实验，对在β衰变下宇称是否守恒的问题给出清晰的检验。这个实验很快为吴健雄(C. S. Wu)及其合作者完成了，并且发现宇称守恒被严重违反了——世界在镜子里看上去是不同的。次年，李政道和杨振宁获得了诺贝尔奖，而其他人只好认错。

逻辑和数学的约定论

假如在科学理论包含着约定要素的辩论中，存在一点儿真理，对于更强的论断，即对逻辑至少部分地为约定的论断，我并不以为然。布卢尔写道：“恰如人们在义务和合法性的问题上争论不休，他们在逻辑动力问题上也是争论不休的。”[18]为了宣扬他所主张的逻辑的约定性质，布卢尔援引人类学家埃文斯-普里查德(E. E. Evans-Pritchard)对中非阿赞德(Azande)社会的描述,据说推理在那里很盛行。

阿赞德人(Azande)对所有被认为重要的问题都请求神谕,把所有的不幸事件都归咎于巫师的邪恶影响。为了去决定某一事件是否由巫术引起,他们以一只中了毒的小鸡请示神谕:小鸡活着表示是,死了表示否。他们还相信做巫师是人的一种遗传特性,巫术物质存在于人的腹内,并且由男人传递给他们的儿子们,由女人传递给他们的女儿们。如果一个人被指控为巫,可以在神谕的帮助下,当场揭示他是否有邪恶的材料。

现在这里发生一个问题:一旦某个人被认为是巫师,阿赞德人应当作结论说这个人的后代也全都是巫师。同理,假如对某个人的剖析揭示他没有巫术物质,那么这一证据就可以断定他的全族人不是巫师。事实上,阿赞德人得到的结论仅仅是对近亲的。埃文斯-普里查德写道:

> 在我们看来,显然如果一个人被证明是巫师,则他的整个家族根据事实也是巫师,因为阿赞德的家族在生物学上是父系人际关系的群体。阿赞德人看到这种论点的意义,但是他们不接受这个结论,并且这涉及整个巫术的观念和他们的作为是矛盾的。实际上,他们只把巫师的父系近亲当作巫师。只有在理论上,他们把谴责扩大到全体巫师的家族。[19]

在讨论阿赞德人的逻辑时,布卢尔引用了维特根斯坦(Wittgenstein)的观点,得出逻辑结论等同于"认为某些事情不能是别的样子";因为阿赞德人认为命题"巫师的整个家族不可能都是巫师"就类似不可能是别的样子,他断言说,当他们从巫术物质可遗传性得不到我们认为是逻辑的结论,即整个家族必定是巫师时,这就是逻辑。于是,布卢尔声称"必定存在一种以上的逻辑:阿赞德逻辑和西方逻辑"。[20]在我看来，这一论点是没有说服力的，结论是不恰当的。如同世界上大部分民族一样，阿赞德人对逻辑一致性不那么重视。确实，这就是埃文斯-普里查德对它的大致解释："对于这个问题他们没有什么理论兴趣。"[21]任何听过政治家的声明的人都熟悉这类行为。然而，哪里存在一种"政治家的逻辑"？

由数学家波斯特(E. L. Post)[22]引进的多值逻辑，可以提供另一个逻辑在其中是约定的例子：它不仅包含**真**和**假**两个真假值，而且包含 m 个逻辑值的级别。赖欣巴哈(Hans Reichenbach)[23]把三值逻辑的特殊情形应用于他对量子理论的诠释，他企图去处理这样一种事实，在经典观点认为完全有意义的某些陈述在量子力学中是不允许的。"这个粒子现在精确地具有位置 x 和动量 p"，这样的陈述就可以作为一个例子。海森伯(Heisenberg)不确定性原理推翻了此种陈述，即被同时指定的位置和动量的乘积的误差必定比普朗克(Planck)常量为大[24]，因而它们一般被认为是无意义的。赖欣巴哈方案是给它们派定一种"不确定"的真假值，也就是既不真也不假，类似于在苏格兰法律中被判定为"未证实"，而不再被看作无意义。这种对量子理论的诠释实在不好理解。任何为了特定目的而构造的其他的逻辑，在我看来，都好像是人为的，因而不能被看作我们通常应用的二值逻辑是纯粹约定的任何说明。还需指出，在多值逻辑中定理的推导和证明皆采用了约定的二值变量。

在数学内，(第七章将进一步讨论的)直觉主义者在论证时，有效地采用一种三值逻辑体系。在证明定理时，一种最有效的方法是**归谬法**，即假设定理为假而导出一个矛盾：因而我们除了下结论说该定理是正确的，别无他择。直觉主义者否认我们别无他择，认为这样的证明是无效的。

有一些科学社会学家走得更远，他们把所有的数学证明都看作是约定。作为一个例子，布卢尔[25]举出亚里士多德对2开方不能是有理数

(不可能表示为两个整数的商)的著名证明。假设$\sqrt{2}=p/q$,其中p和q是不可通约的整数(即它们没有公约数,因而分数已被化为其最简形式)。结果,$2=p^2/q^2$,所以,$p^2=2q^2$。这样一来,p^2是一个偶数,而因为两个奇数的积是奇数,所以可以下结论说p必须是偶数:$p=2a$,此处a是另一个整数。但是,又有,$p^2=4a^2$,由对消的办法可得$2a^2=q^2$。然而,和上面对p同样的推导,从这个方程说明q也是偶数,这就和开始时p和q没有公约数的假设相矛盾了。由此推出原来的假设是不对的,所以$\sqrt{2}$不能表示为两个整数之比。

布卢尔指出,对古希腊人来说,亚里士多德的论据(是意外地基于归谬法)证明了$\sqrt{2}$不是一个数,而对我们来说,是证明了它是一个无理数。当然,这是正确的,但是数系的逐次扩大,从自然数包含进有理数,随后是无理数、负数、超越数,最后是虚数,形成一个大大丰富了数学的一系列创作步(creative steps)。数系的分类可以称为是约定的,因为它们是创作的,不过尚没有证据说明是否可以有另一种方式来做到。可以不进行这些步骤的每一步,不过这样的话数学的大部分可能就不是现在的样子了。事实上,柏拉图主义者把它们称为新型数的**发现**,从而也便失去它们的约定特征。

布卢尔进而指出,如果有一种"从未设置奇偶的分类"的数学,那么从亚里士多德的证明的结论可能是:数既是奇数也是偶数!当然,这是荒唐的:不管你是否"设置奇偶的分类",很容易证明数不能既是奇数又是偶数,即既可以被2整除又不能被2整除。数学系统的一个必不可少的要求是一致性。

布卢尔讨论了另一个例子,一个由欧拉(Leonhard Euler)提出的著名定理,它当之无愧是启发性的,因为它说明了数学证明的特征,虽然不是布卢尔所断言的方式。对于任意多面体,即以平面围定的固体,顶点(角)数V、边数E和面数F由简单的方程$V-E+F=2$联系在一起。欧拉通过考察大量的例子,在每一情况下核实无误后发现了它,他相信这一公式的正确性,把它陈述为定理。这种推理不能被看成是一个实际的证明,因为一旦彻底检验,有可能存在反例。大约在60年之后,柯西(Augustin-Louis Cauchy)宣布了一个巧妙的办法,把多面体的表面看为橡皮面,去掉一个面,再把它摊平。在柯西的演示之后不久,有两位数学家发现了多面体的例子,不符合他的证明。这意味着欧拉定理不正确么？人们可以此种方式来解释这些反例,由它去吧。不过,代之的是对构成多面体的更严格的定义,在这种定义下反例无效。新的反例导向进一步的严格,这一过程经过了数十年。布卢尔认为,这表示数学证明远不是牢不可破和严密的,而是某种受制于谈判的社会约定,但是这个不公正的结论表明他没有认识到数学证明的一种主要功能:严格地限定定理的适用范围。

数学家接受一个无漏洞的、严格的证明的标准是在时间进程中逐渐形成的,在19世纪它们变成人们关注的应用数学和纯粹数学之间发生摩擦之点。原则上,纯粹数学家的严格要求,现在也要求每一个证明可以为从假设到结论的一系列初等逻辑步(logical steps)来代替。正是这一进入一个严格数学证明的全部假设的完全清晰的陈述,和避免不言而喻的、不自觉的假定,是庞加莱在强调数学对科学的用途时的思想。证明标准的这种历史发展,是否意味着证明是一种约定？不是,除非我们把任何改进和精确化都当作约定。首要的标准无疑比老的要高一些,这方面是没有差别的。因为将来的数学家不可能回到更宽松的标准,已被接受的定理证明在更严格的检验下可能是错的,所以在这种意义上说,称数学证明为约定是十分错误的。

许多定理,包括早先已被接受的定理如欧拉定理,是缺少严格证明的。但是在发现反例的情况下,并没有被抛弃掉。全部要做的事是把假设陈述得更清晰从而限定对象的类别,使给定的定理可以应用。这种限定往往又产生新的概念,并且将前所未知的数学存体的类别之间加以区分,从而刺激进步。

一种有影响的声称,说逻辑或数学是约定,还没有可信的理由和可靠的证据。数学中仅有的一种可被视为约定的一般考量面也许就是**证明**的使用。犹如为了接受新知识而采用现代科学方法可以称为约定,在数学中对严格证明的要求也是如此。它们并没有为一切文明所采用,两者都有强有力的影响。但是,这些证明的性质和它们所采用的推导,仅仅在十分有限的范围内才是约定的。在范围以外接受证明的方法,按照直觉主义者说,是一种约定,而且是一种极为有利的约定。不过,没有理由期望在将来接触外星科学家和数学家时,发现他们使用的可能是另外的逻辑和推理,他们接受我们认为为假的定理或是宣称我们的某项定理是错的。

现在,我转向一种不是在实际的物理科学或生物科学中,而是在研究和评论它们的社会学家中,近20年来成为时髦的约定论。

注释:

1. Cromer, *Uncommon Sense*, p. 70.
2. Wolpert, *The Unnatural Nature of Science*, p. 47.
3. 出处同上,p. 48。
4. Harding, *The Science Question in Feminism*, p. 240.
5. Boyle 语,见 Shapin and Schaffer, *Leviathan and the Air-Pump*,p. 77。
6. 同上,p. 79;Shapin and Schaffer 借用 Wittgenstein 的"生活形式"一语,其含义实质上等同于 *Weltanschauung*。
7. 同上,p. 339。
8. Bloor, *Knowledge and Social Imagery*, p. 26.
9. Einstein and Infeld, *The Evolution of Physics*, p. 294.
10. Einstein, *Ideas and Opinions*, p. 272.
11. Einstein, *Mein Weltbild*, p. 168;我的译文。
12. Poincaré, *The Foundations of Science*, p. 28.

13. 同上,pp. 123,124。

14. 同上,p. 28。

15. Feigl,"Beyond peaceful coexistence", p. 9.

16. Popper, *The Logic of Scientific Discovery*, p. 82;强调字体示原文中的斜体字。

17. 后来表明,早在30年前,就有些实验暗示在β衰变时宇称可能不守恒,但被认为是错误的而被忽略了——人人都**知道**宇称是守恒的!那些强调已确立理论的持久力甚至反对相反证据的人,有一定道理。

18. Bloor, *Knowledge and Social Imagery*, p. 117.

19. Evans-Pritchard, *Witchcraft, Oracles, and Magic among the Azande*, p. 24.

20.B loor, *Knowledge and Social Imagery*, p. 124.

21. Evans-Pritchard, *Witchcraft, Oracles, and Magic among the Azande*, p. 25.

22. Post, "Introduction to a general theory of elementary propositions", pp. 163-185.

23. Reichenbach, *Philosophic Foundations of Quantum Mechanics.*

24. 普朗克在推导支配黑体辐射的光的颜色的定律时,假定给定频率的光总是成批地以离散方式传播,其能量与频率成正比;比例常量就以他的姓氏命名。

25 .Bloor, *Knowledge and Social Imagery*, pp. 108ff.

第二章

科学是一种社会建构?

既然科学方法的采用和对其结果的表述在一定的范围内是随意的,既然两者有时对形成社会的世界观起着巨大的作用,在政治条件下它们受到批评和抨击就不足为怪了。那些抱定与科学程序或它的结论存在矛盾的**世界观**(Weltanschauung)的社会群体和势力,将力图在理性上不信任科学家并使他们都哑口无言。当然,那在历史进程的早先曾经发生过:17世纪,伽利略(Galileo Galilei)被传讯并且被判有罪,是因为他的科学观点对教会已确立的信仰来说被认为是危险的。[1]如同夏平和谢弗所指出的,霍布斯与玻意耳之间的冲突不仅可归结于知识水平上,也包含有为英国君主复辟斗争所决定的强烈的政治因素。

> 玻意耳与霍布斯之间的争论,变成一定社会范围的安全性和他们所代表的利益的分歧。对于玻意耳,它不可避免地牵涉到实验哲学家与作为教会辩护士的牧师这两种工作的联合。它们的功能相互加强,而霍布斯是它们共同的敌人。但是对于霍布斯,任何要求这种能力分开的职业,不管是牧师的、法律的或者自然哲学的,都在败坏完整的国家的权威。复辟事件使那种权威必然地同哲学相联系。[2]

但是不应当作出结论说，这类冲突与态度是过去的事情，现代不会发生。我们不难找到更新近的例子，对达尔文（Darwin）进化论的政治与宗教抨击，时至今日还在继续。

更特别相关的是20世纪20年代在德国针对爱因斯坦及其相对论的恶毒攻击，在希特勒（Hitler）政府之下成为国策。这种理论（其名称被许多人误解为隐含道德相对主义）被当作“犹太意识”的产物，一种指责甚至来自某些著名的德国物理学家，其中之一是诺贝尔奖获得者勒纳（Phillip Lenard），他出版了一本书《德国物理学》。纳粹在任何情况下都不信任科学，把科学家的民族和种族看作他们建立理论的决定因素[3]，将保持“雅利安的”科学视作政治上的重要事情。

苏联所取的观点，提供了另一个政治玷污的例子，那里的情况与纳粹德国的情况截然不同。在那里，由于马克思主义毕竟被看作“科学的”世界观，科学是当然优先的。不过，因为马克思主义的哲学基础是“唯物论”，任何对唯物论的偏离或者是打算偏离，都受到遏制。当量子力学的诠释变成一个争论课题时，玻尔的“哥本哈根诠释”被许多人当作有“唯心论”哲学色彩，受到唯物论者的谴责，就不允许在苏联发表和讲授。有些早期的物理学教科书违背了这种禁忌，在后来的版本中被改变了。苏联化学家还站在意识形态的立场上拒斥鲍林（Linus Pauling）的观点。由于马克思主义者对拉马克进化论的偏爱［被李森科（Lysenko）的个人权力所强化］，生物科学，特别是遗传学，受到极为严重的政治压力。

当然，在美国和别的西方民主国家，我们虽然没有政府支持的对科学或科学家的抨击，但是政治上激发的抨击也曾由具有不同思想意识的群体所发动。例如，极端的女性主义者宣称，大多数科学家的看法都是由男人统治科学这一事实所决定的。这一点，有时可以归结为“透视主义者（perspectivist）”的解释：“女人（或者女性主义者，无论是男人还是女人)**作为一个群体**比起男人(或非女性主义者)更易于产生无偏见的、客观的结果,”[4]“科学是另一种意义上的政治”这一格言的作者哈丁如是说。抨击还来自那些讨厌“科学自由主义”的人。记者阿普尔亚德(Bryan Appleyard),自称是一种“为制止科学残酷悲观主义而斗争”的一部分,是一种“衰落和战胜的长篇故事”[5]的斗争。对他来说,科学家们是“那样一些人,他们坚信,他们正在告诉我们世界确切无疑地是什么,并要我们相信他们自己主观确定的客观性”。[6]

社会学透视

我在上一章提到过,近代科学的出现不是必然的发展,并且不是在任何地方都能发生的。因而解释它在我们文化中的出现,就变成了一个主要由默顿(Robert Merton)研究过的有趣的社会学问题。不过,这对许多当代社会科学家来说,不是一个有兴趣的课题,他们宁愿把注意力集中在科学的**内容**上。长期以来,历史学家和社会学家对社会的、个人的及其他的外部条件在科学观念发展中的作用进行写作和推测。例如达尔文进化论,已知曾经在一定程度上受政治经济学家马尔萨斯(Thomas Robert Malthus)的思想的影响。[7]科学家们并不生长于斯金纳箱(Skinner boxes),他们的观念也不是在与世隔绝的条件下产生的。此外,社会环境和文化条件确实影响到他们提问的类型,他们对问题的相对重要性的判断,以及他们提出一种理论或一种解释时要应用的隐喻。[8]

蒸汽机的发明和它在欧洲和美国的应用结果——产业革命,促成了热力学这门学科的形成和开始沿用的语言,有谁能否认这一点呢?热力学的术语充满了类似“热库”、“卡诺机”、“永动机”这样的词汇。在19世纪初,有两位对这种新生的热的科学作出贡献的人,一位是法国工程师卡诺(Sadi Carnot),他并不打算应用热的效果去产生工业动力,而仅仅为了了解它;另一位是德国物理学家克劳修斯(Rudolf Clausius)。他们都涉及蒸汽机。许多用于热力学的隐喻都指工业装备、发动机、机械及其运作效率,这就是布里奇曼(Percy Bridgman)认为这些定律比其他物理定律"闻到了更多的人类本源"[9]的理由之一。

但是,科学中隐喻的影响已经被过分夸大了。哈丁摘录培根(Francis Bacon)的话,指控早期的科学狂热者具有强奸犯和虐待狂的形象:"你只有追随她,如同自然的猎人追踪迷惘的她,你将引领和驱使她回到原来的地方。……当真理的审理是全部的主题时,没有一个男人不应当肆无忌惮地进入并且穿过那些洞穴。"[10]于是,她嘲讽道:

> 假如我们相信机械论隐喻是新科学提供解释的基本成分,为什么我们不应当相信性别隐喻呢?一种一致的分析将得出这样的结论,把大自然设想为一个对强奸无动于衷甚至表示欢迎的女人,这对于解释大自然和探求的新概念是同样基本的。也可以设想,这些隐喻对于科学会有丰富的实用主义的、方法论的和形而上学的结果。在这一情形下,为什么把牛顿定律看作"牛顿强奸手册"就没有把它看作"牛顿力学"具有启发性和可信赖的呢?[11]

不用说,她对牛顿力学这一恶毒比喻对女人来说是带侮辱性的:

> 大自然和探求两者都呈现为以强奸和虐待的方法形成的概念,基于男人对女人最暴虐和厌弃女人的关系,而且这一模型作为一种评价科学的理由是先进的……由于自然似乎更像一架机器,机器不就更像自然么?由于自然似乎更像一个女人,她比起一个养育过的母亲更适宜去强奸和虐待,强奸和虐待不是更像男人对女人的自然关系么?[12]

在了解物理学的人中，有谁能够从这些不愉快的幻想中识别出科学来呢？

另一类对科学的外部影响的重要性，虽然它们有时是真实的，也被过分夸大了。这里是凯勒(Evelyn Fox Keller)综述的物理学家们的工作："在与他人的、与广大公众的、与自身传统的、与恰当地从死寂世界精选琢面的相互作用之外，他们成功地制造出消解大自然的抵抗以满足我们需要的工具。"[13]似乎大自然在他们的结果中只起一种次要作用。

一个更为极端的例子是福曼(Paul Forman)，他1971年的文章[14]是常被引用来说明量子力学的发展的，由于量子力学放松了因果性的经典应用，被第一次世界大战之后德国的反确定论、反合理政治氛围所具体化，这部分地受到了斯宾格勒(Oswald Spengler)的非常流行的书《西方的没落》的影响。作者仔细考察了著名的德国物理学家和数学家们公开的意见。乘节日的机会做公开讲演，是当时德国大学重要人物的惯常做法。他提出，不仅是"一种非因果关系的量子力学……特别受德国物理学家欢迎，由于它提供了改善公众形象的不可抗拒的机会"，[15]并且：

> 公众价值的突然变化使他们失去了在第一次世界大战之前和期间所享受的荣誉和声望，德国物理学家们被迫改变他们的意识形态**甚至他们的科学**，以便去恢复他们讨人喜欢的公众形象。特别是，许多人坚信，他们必须使自己摆脱因果性的负担。[16]

福曼断言："看来很难否认科学意识形态的变化和本文所揭示的预期的科学教条的变化，**确实**是对魏玛知识环境的适应。"[17]福伊尔(Lewis Feuer)则以类似的语调声称，"没有1919年的慕尼黑，"即导致巴伐利亚苏维埃共和国和后来的反恐怖的极端不成功的革命，"海森伯可能不会考虑不确定性原理。”[18]理由十分特别:“在物理学中免除因果性的进程,一方面是在1918年**以后**进行得十分突然,另一方面,……在得到基本上非因果关系的量子力学‘证实’**以前**,在德国物理学界也有非常坚实的进展。”[19]

物理学家们的声明如同是对一种知识环境的纯粹的改写,无需内在的科学证实,阅读这些声明的问题由下述事实来显示:虽然直至1925年,海森伯和薛定谔(Schrödinger)还没有引进量子力学,至少从1913年玻尔引进他的原子模型起,非因果性幽灵已经在物理学中游荡了很长的时间。对电子从激发轨道到低级轨道时的原子光发射,他的理论没有因果关系的解释。对卢瑟福(Ernest Rutherford)早在1900年就描述过其自发性质的放射性,也是如此。爱因斯坦在1916年和1917年发表的三篇论文中,在量子理论中引进了概率概念,将卢瑟福关于放射衰变的早期定律与光子自发辐射相联系起来,将原因归于纯粹的机遇。这些情形下缺少确定性定律,已经使物理学界热闹起来,根本无需政治的或社会的原因向物理学引进非因果性观念。在20年代初,著名的德国物理学家们的讲话似是而非地说明了,他们试图将物理中这些信息的公众表达适应流行的社会和政治风潮——他们力争在政治上正确。少数科学家反对这种诱惑,其中最出名的是爱因斯坦,他首先给物理学带来了偶然性概念,尽管使得他极其不舒适,他们在政治上是勇敢的,而且果然,在科学上处于时代之后。

海森伯本人正是反对福曼和福伊尔的见证人。在1919年,17岁时,他作为慕尼黑一名志愿的准军事单位服役人员参战,处于一片混乱之中,反对革命,但是在偶然的空闲时间读柏拉图。后来他写道:“我一直奇怪,为什么像柏拉图这样的大哲学家具有能认识自然现象中秩序的思想,而我们自己却不能。”战败就“意味着所有旧的结构都必须被抛弃么?在旧的基础上建立一种新的更牢固的秩序不是更好么?”[20]柏拉图秩序井然的宇宙和他自己对混乱环境的突然反应，对海森伯影响终生。这使他成为拥戴非决定论的真正量子力学的奠基者。据称处于当时政治上的非理性主义和混乱的摇摆中，认为社会动机在物理学发展中起决定性的作用，这种观点根本经不起推敲。或许可以更似是而非地认为，他们国家的条件使德国物理学家更易于接受新的非因果关系理论，而在大约10年前他们会遇到很强的阻力。或许在哲学上他们比法国物理学家们更倾向于这样做，后者是在一种更理性的传统下成长的，并且，事实上，在接受新物理学上更为犹豫。无论如何，如果奥地利人薛定谔和德国人海森伯没有思考量子力学的话，很可能是狄拉克(Paul Dirac)，一位英国人，将很快做到这一点。[21]

相对主义社会建构论

假如说社会学家主张的施加于科学家思想的外部影响具有某些有限的有效性，对近来这种论点的推广就是全然不同的变种。近20年在科学社会学中看到了"强纲领(strong program)"的升起。这里，约定不仅在于社会条件或政治条件使科学家引出他们的观念，引出他们问的特定的问题，或者他们使用的隐喻，还在于有关实验结果和理论的所有的科学报告，都完全是由科学家自己所确定的约定：它们全都是社会建构。用夏平的话说："是我们自己而不是实在对我们之所知负责。知识，就像国家一样，是人类活动的产物。"[22]而且在一定的意义上，因为我们在很大程度上都是社会的产物，所以不论在广义下即在社会的影响下，还是在狭义下即在科学界的影响下，"科学理论、科学方法和可接受的结果，都是社会约定。"[23]

有些批评者说科学是一种"叙述"，不比其他的叙述，不管是占星术还是民间传说，有更强的认知能力。用实验来回答大自然的问题，本质上并不比求教于羊的内脏来得高明。我要附带说明的是，并非所有“相对主义社会建构论者”，至少直接地在他们的声称中，走得这样远。进而，其中某些人愤怒地反对自己被称为是反科学的（anti-scientific）。但是，社会建构论者的著述充满了“科学技术研究”的论题，而且由于他们发源于大学，他们潜在的破坏作用可能比起像阿普尔亚德这类记者要大得多。他们是虚假的，但由于其中有一个小的真理内核，即社会条件和心理状态无疑会对科学家的动机和思考过程有**某些**影响，所以都更为危险，从而对不明就里的人显得似是而非。这些观点不仅没有价值，而且由于它们受到怂恿和宽容，会阻止大学中聪明的年轻学生被科学所吸引。由于各种各样的原因，我们的社会因这类学生不足而受害，所以回答和批评这些论据是很重要的。连一位最著名的社会建构论者柯林斯（Harry Collins）都承认：“在科学事业里失去信心是一种我们经受不起的灾难。尽管有难免的失误，科学仍然是我们所能有的产生关于自然界知识的最好的机构。”[24]那么，稍微仔细地考察一下这些作者的著作是一个好的想法，就由柯林斯本人开始。

在首先研究了围绕由韦伯（Joseph Weber）进行的疑问重重的引力波检测的争论历史，又研究了心灵学（parapsy-chology）的科学状况后，柯林斯作结论说，对“一个火星人，心灵学的世界看上去将像是他可敬的兄弟的缩微版本。但是心灵学在地球上从未被认为是真正的科学，除非它跑来分享科学的认知生命的机构”。[25]虽然柯林斯好像是暗指心灵学不被当作科学的主要原因，是因为它缺乏机构支持（这一观念我是决不同意的），他还是提出了一些涉及实验技艺在科学中的作用的问题。

完成一些好的科学实验常常要求实验者有丰富的技巧，要求仪器有精细的结构设计，这一无可怀疑的事实是柯林斯所讨论的一个主要问题。我们怎样知道设备是运转正常的、科学家的使用是熟练的？柯林斯认为“仪器、仪器的零件和**实验者**的正常运转皆由能否产生适当的实验结果来决定。未发现有别的指标”。[26]但是,什么是“适当的实验结果”呢?可以假定它是一位熟练的实验者用一台出色的仪器得到的结果。这样,我们发现自己陷于一种循环论证之中,柯林斯称之为“实验者回归”(experimenters' regress):一个实验室的出色由得到好的结果所定义,而好的结果定义为由出色的实验室所得到。他那该得奖的证据是关于韦伯的,韦伯声称已经检测到了一种远高于现今理论所预期的强度的引力辐射。这一声称为其他人予以彻底否定,而这些人的反驳需要有如此灵敏度和实验者技巧的检测器和实验者,这种需求在世界上没有什么地方能够提供。

这一论点没有引起科学界的注意。如果实验者仅做了一次实验,而且他们的专门技术和他们设备的出色由仅有的这一次实验结果来认定,那么柯林斯的“实验者回归”逻辑将是攻不破的。但是在科学中从来不是这种情况。实验者做各式各样的实验,他们的技巧可以用他们在许多不同例子的结果来判断。当然,实际上每一个判断都是基于一种与别的专家的结果的比较,反过来,专家们的技巧是由其结果相互之间的符合来度量的。产生意外的结果要求超常的才能,而且别人难以甚至不可能重复,要接受这一点应当而且永远应当极其谨慎。特别是,当这一非常的智能除了这些特别的结果外,不能以任何其他方式证明的时候。当然,这恰好就是心灵学中的情况,并且这就是心灵学不能受到认真对待的主要原因。我还不知道此种声称在高尚的科学中经得住推敲的例子。[27]

柯林斯回归的仪器部件倒有些道理。实验装置通常是为了极为特别的任务来设计的,对它的特殊目的的灵敏度,不是总能容易确信的,特别是当实验的结果是否定的时候。假如得到了一个无价值的结果,我们怎能相信这不是由于仪器灵敏度不够呢?当然,实验者对这种尴尬局面是熟悉的。他们尽可能用分别检验装置部件的办法，在它所处的环境下实现所期望的结果。此外，基于最好的目前现成的知识，他们估计所要求的肯定结果可能的大小怎样，事实上，这一估计决定了实验装置的灵敏度要求。但是，经常存在疑惑，怀疑只有在类似的实验多次重复后才会解除，最好是用别的办法，或者当实验的理论设想用其他方式的检验被坚实地确立了，怀疑也就消失了。迈克耳孙-莫雷实验的否定结果就是这种情形，它导致当时被公认的以太理论的垮台。这一十分困难的实验对仪器要求极高的灵敏度，且由于对结果有怀疑，已为其他人所重复，有时会得到含糊不清的结果。[28]

柯林斯和稍后我要讨论到的拉图尔(Bruno Latour)一样，描述了在科学的中心群体之间进行的"谈判"，并且认为这些谈判对确立科学的结果至关重要。但是，他告诫说：

> 这些谈判的结果，即被确证了的知识，在任何方式下都是"真正的科学知识"。它是可复制的知识。一旦争论得到结论，这种知识就被看作由包括了全部科学的方法论的步骤生产出来的。观察事物本身，比起企图去捕风捉影要好。[29]

对他来说，科学的相对主义建构论者有其限度，在限度之外那些社会学家的纲领不能实行："我们倾向于尽可能地推动相对主义的启发式方法：在它不能走得更远的时候，'大自然'就闯入了。"[30]有些相对主义者则不够谨慎。

建构论中的强纲领

布卢尔在他的书《知识与社会意象》中引进了术语"科学(或知识)社会学中的强纲领"，拉图尔、伍尔加(Steve Woolgar)[31]和皮克林(Andrew Pickering)[32]皆或多或少跟随这一纲领。他们都不承认有反科学的意图,但是他们破坏和"特别"攻击的结果,对接受作为旨在客观地研究世界的活动的科学是绝对有害的。皮克林抗议说他不想"否认以实验数据为形式的实在在科学知识的发展中的作用"[33],我不得不认为这是诡辩,由下面的注释将看得很清楚。事实上,这些书把读者引向一种非实在(unreality)的奇怪感觉:词和成语看起来是这种含义,其实指的是完全不同的事物。

例如,在一次数学讨论中,布卢尔[34]引用大逻辑学家弗雷格(Friedrich Frege)的话:"我把我所称的客观事物与可操作事物、或占有空间的、或真实的事物加以区别。地轴是客观的,太阳系的质心也是客观的,但是我不应当从地球自身的意义上说它是真实的。"[35]随后布卢尔评论说,"知识的理论成分正是其社会成分,"[36]并且下结论说,"建制化的信念满足他的[客观性]定义:这就是什么是客观性。"[37]在我看来,弗雷格的"客观的"意思是完全清楚的,不过我并不相信许多读者会同意他所谓的"建制化的信念"。

在其著作的开头,布卢尔大胆地宣称"对于社会学家来说,知识是人们当作知识的随便什么事情"。[38]仅仅错误的信念需要以外部的方式来解释,而正确的知识和真实的信念不要求解释,他还对这一观念给予抨击。确实,他认为把"外在论"(externalist)历史学家归入非理性的科学是一种"耻辱"。[39]"强纲领"用"因果模型"取代"目的论模型"(按照它,知识的获得是直接朝着真理的)。他主张,说一种信念是社会决定的并不意味着它是假的。他拒绝经验模型,这种模型认为存在对真信念的经验证实:**所有的**信念,包括最理性的,都需要社会学解释。他说,"我争论的问题是,'使逻辑、理性和真理以其自己的解释呈现的任何方法。'"[40]在布卢尔的"对称原则"中,把真信念或理性信念置于假信念或非理性信念的等价基础上。"为了解释目的而把真信念和假信念都看为相同的意义下的[真理],是强纲领命令社会学家们遵从的。”[41]但是,“很少有人怀疑当我们谈到真理时指的是什么。我们指的是对应于实在的某些信念、判断或断言,它捕获了和描绘了事物是怎样处于世界上的。”[42]

显然,这里存在一个矛盾:如果“知识是人们当作知识的随便什么事情”,就不存在附加的关于真理的判据;如果附加的判据确实存在,则对知识或真信念的社会学解释就是不必要的(它可能对社会学家很有兴趣,但对科学家是不相关的)。那么,看来关键是布卢尔在非约定意义下使用的**知识**一词:一个人可以有关于某些事物的非真知识。这是被他进一步的思想所确认的:“理论被一个社会群体公认使得它为真么?可给出的仅有的回答是它不为真。……一种理论的公认使它成为一个群体的知识,或者成为他们认识和适应世界的基础么?回答只能是肯定的。”[43]不过,布卢尔忽略了每一个群体对他们认为的知识将贴上“真实”的标签。这样一来,如果他接受真理的外在判据,即它“描绘事物是怎样处于世界上的”,他就自动引进了一种断定一个群体的知识高于另一群体的基础,而这是他要苦心推翻的观念。

对于他的观点,**全部的**科学结果,而非恰好有缺陷的某一个结果,皆要求社会学解释,查默斯(Alan Chalmers)是提出过中肯的反对的。[44]查默斯给出一种类比:设想一名足球运动员看到球在正对球门的前面;如果他把它踢进了,不需什么外部解释(他恰好遵从规则),但如果他打算去吃掉它,这就需要某种外部解释,可能涉及他的精神健康。对布卢尔而言,每一动作都需要作出社会学解释,那么他最好主张,了解运动员为什么遵从规则以及这规则是从哪里形成的在社会学上有意义。然而,对于运动员和观众来说,这种问题是无关紧要的。

“科学研究”领域的某些学者在科学实验室里耗费了可观的时间。他们观察科学家们(可以想象,现在科学家们是被观察的对象而不是观察者)进行工作时的行为和互动,很像是人类学家住在原住民文化或其他文化的村庄里,日复一日地研究其活动与血缘模式。没有哪个人类学家进入陌生的环境时,会事先对那种文化一无所知,但是这些"科学文化的人类学家们"却毫不迟疑地去观察科学家们在一次讨论会上或学术会议上的行为,去作出关于为什么是这个群体而不是另一个群体在一场争论中占上风的结论,而毫不关心论战中的任何推理或逻辑。他们相信,只要考察表演者的社会互动、他们的力量表演、自信心、有无社会技能,就足够了。由于感到他忽视实验不会丧失他在实验科学的争论中作判断的资格,他认识到应当至少给出最小的确证,夏平使用了和基根(John Keegan)所宣称的相平行的理由,虽然他写了《战斗的外观》,可是他自己从未走近过一次战斗。[45]人们不免要问,没有任何一次战斗经历而去描述战斗,和没有了解它的内容就判断一种知识争论是不是一回事。

拉图尔和伍尔加的著作《实验室生活》基于拉图尔长期逗留于加利福尼亚州拉霍亚的索尔克研究所做"田野调查"的结果,在那里他观察一个生物医学实验室的日常活动。他并不在意他对那里所探索的科学的无知;假如有所在意的话,他认为那是优点。两位作者解释他们对科学的"'不敬'或者'缺少尊重',并不打算对科学活动进行攻击。只不过我们保持一种不可知论立场……我们的前提[是],科学活动恰好是一种在其上建构知识的社会舞台"。[46]

他们的核心结论是,科学"事实"只不过是社会建构。正如拉图尔在另一场合所言:"一个给定的句子本身既非事实又非虚构;它成为什么是后来的事。"[47]作者们坚持"科学活动不是'关于自然'的。它是**建构**实在的一场凶猛战斗"。[48]确实,

> "实在"不能用来解释为什么一个陈述成为事实,因为仅当它成为事实之后才得到实在的效果……

> 我们不愿说事实不存在，也不愿说没有实在这种事物。在这一简单的意义下，我们的立场不是相对主义者。我们的观点是，“不在现场”是科学工作的**结果**而不是它的**原因**。[49]

其后，拉图尔把他的论点表达得更清楚了：“由于争论的解决是大自然之表述的**原因**而不是结果，我们**可以从不使用结果——大自然——去解释如何和为何争论被解决**。”[50]进而，科学家们以他们的方式，假设他们有责任为他们当作事实的现象负责：“**我们的论点不仅在于事实是社会建构的。我们还打算去说明在建构过程中使用的某些工具，借此，全部成果的建构踪迹都极难被发觉**。”[51]这样的工具对科学运作至关重要：

> 如果事实是被建构的，通过设计好的操作以造成使给定的陈述合格的模式落下，并且更重要的是，如果实在是结果而不是建构的原因，这就意味着科学家们的活动是向着陈述上的操作，而不是朝着“实在”的。这些操作的总体就是竞技场。竞技概念与科学家涉及“大自然”的观点有鲜明的对比……一旦实现了科学家们的活动朝着竞技场，维持科学“政治”和它的“真理”之间的区分便几无所获；……关于何者作为一个证明或何者作为一个判据的谈判比起律师们或政治家们的争吵，不多不少是同样的无序。[52]

“事实是一种事实……由于当你把它用于科学之外它仍成立”，这种论点不能使这些作者信服。“我们不可能观察到在实验室产生的陈述的独立的证实。相反，我们看到某些实验室实践**延伸**到别的社会实在舞台，例如医院和工业。”[53]同样的实验室事实，在加利福尼亚和在沙特阿拉伯皆一样起作用，不过因为它们是同样类型的实验室。

> 让我们考虑一个特别的陈述：“生长抑素阻止生长激素的释放，可由放射免疫测定来衡量。”如果我们问在科学之外这

一陈述是否成立，回答是这一陈述在所有放射免疫测定被可靠地装配起来的地方都成立。这并不意味着该陈述在**任何地方**都成立，甚至在放射免疫测定没有被装配的地方。[54]

当然，这不是科学家们说科学事实“成立”的意思。不仅因为这些事实在一个实验室和在另一实验室的同一环境下皆可被观察到，而且因为它们成为一种解释性陈述和观念的庞大网络的一部分，我们可以把它应用于别的语境下，通常将导致成功的预言。事实在科学内和科学外都“成立”，有些事情是不能被这些社会建构论者解释清楚的。

由于拉图尔和伍尔加意识到，他们想去证明科学家发现的事实不过是人工建构，可这一努力本身也与他们自己的“发现”悖逆。他们类似于克里特人的狂言：“所有克里特人都是说谎者！”他们不足为信的答辩是：“我们论点中用过的论争和建构都没有用来破坏科学事实。”[55]但是连这一点都可以用来反对他们：如果他们自己的“科学”论点对人工建构的疾病是免疫的，那么他们不能宣称他们的证据的普遍有效性，因为这些证据是仅仅从科学的一小部分针对一定症状的疾病得来的。[56]社会科学高于靠未被建构的“事实”的物理科学和生物科学，这些作者们是否期望他们的读者怀有这种确信而离去呢？他们想用冷嘲热讽来消除这一问题的危险：

在一种基本意义上，我们自己的解释无非是**虚构**的。但这不是把实验室成员的活动变成下等的活动。……通过建立一种解释、发明特征、……按级分离概念、调用资源、与社会学有关的论点联结、作附注，我们已经努力去减少无序来源，使某些陈述比其他一些陈述更为可能，从而开创了一种袖珍的秩序。[57]

对哈丁而言，确实，社会学毫无疑问处于所有科学的顶点之上。她重复那个指控:"物理学和化学、数学和逻辑承载的它们与众不同的文化创造者的印记,不亚于人类学和历史学。"[58]然而,对于"维也纳学派,科学形成了……一种分层的排序,其中物理学处于顶点上,随后是其他的物质科学,再后是定量的和'积极的'社会科学(经济学和行为主义心理学是它们的模型),最后是'较软的'和定性的学科(人类学、社会学、历史学)",而女性主义的建构建议是"把顺序倒过来"[59],因而社会学处于分层的顶层。对于建构论者,社会学不仅在价值上在科学中数第一,而且一定要比所有别的学科都更基本。我很赞同还原论,但是还原论猛烈生长,把我们关于宇宙的所有知识皆还原为社会学或社会人类学教科书中的一章,而物理学可能在民间传说部分来讲授。

尽管在他的早期的声称中,拉图尔自称为"现实主义者",否认他要"破坏科学的被公认部分的可靠性"[60],还是有点令人窘迫。他甚至否认他是一位社会建构论者,说他已经"写了5本书去揭示为什么社会建构论者的观念**不能**做刻画科学的工作"。[61]确实,当涉及一门科学的产生时,他把自己认定为一位相对主义者,而在涉及解决了的部分时又是一位现实主义者。要将此和他早先的陈述调和起来,对**现实主义**一词可能有一种反常的感觉。我认为,(如果幽默地)命名拉图尔的正当方式是称之为极端的唯名论者。因为对他们来说,即使是**现实的**和**社会的**这类词也不是它们通常的含义。

现在让我转向皮克林,另一位否认理论的心理学产品和它的证实之间区别的评论家。作为一种结果,他看到对接受事实和理论的诸多社会因素的全面深入影响,所以最终结果完全是一种社会建构。可值得注意的是,大自然的这种构成是否能被合理地认识,或者,产生了可理解的和一致的对这一极为复杂世界的解说是否作为科学的令人叹服的成就?根本不是。"已知它们的文化来源,"他傲慢地宣称,"不管在它们历史的何处,只有异常的自相矛盾可能阻止[粒子物理学家们]产生一种对实在的可了解方案。”[62]在爱因斯坦看来关于大自然最不可思议的事情是它可以被理解,而在皮克林看来是绝对平常的。

在他《建构夸克》一书中,讨论得颇长的一个例子是有关一个发现的进程:1974年11月,一种被称为J/Ψ的新粒子被发现了(在两个实验室里同时发现两种粒子,其中一个被称为J,而另一个被称为Ψ)。这一发现起初产生了“十一月革命”,过后让位给一种被称为“靴襻”法的理论方法和普遍采用的“规范场理论”。在高能物理学中涉及这一过程的另一个例子是**弱中性流**和**夸克**的发现,夸克现在被认为是大自然的基本构件。

大约有10到15年的一个时期中,起先对认识粒子物理学现象是主要的和十分成功的理论工具的量子场论,却不能解释新近在大型加速器上的观察资料,其中有斯坦福直线加速器中心(斯坦福)、费米实验室(芝加哥)、欧洲核子研究中心(日内瓦)及其他实验室的资料。在那些地方,诸如质子或电子这种粒子,发生高速相撞。为此,许多(当然不是全部)理论物理学家采取一种新的方法,即**靴襻**法,用于计算和解释,它对实验数据接近得多并且要求的理论机制比起量子场论为少。靴襻法不去解释许多观察到的不稳定粒子,那些粒子被看作碰撞实验中的“共振”(在散射数作为碰撞粒子能量函数图上,有显著的峰),而是由一定的给定“基本”粒子和场出发,设定所有的粒子,不管稳定与否,都处于同一靴子中(“核民主”)。它借助于一种基本假定解释它们的存在,按闵希豪生(Baron Münchhausen)方式由自诱导数学机制允许它们抓住自己的靴襻把自己拎起来。场被看作不必要的,并且希望仅有的要求是“数学上自洽”,这足以对所有的粒子物理学问题产生唯一的回答。由于过多的技术原因难以进入这里,J/Ψ的意外实验发现和“弱中性流”的存在,敲响了靴襻法的丧钟并导向量子场论以规范场论形式复苏,预言了在HEP(高能物理学)实验室中观察到的许多粒子的更为基本的要素**夸克**。不过,皮克林声称,这一结局完全是考察数据的一种不同方式的结果："嘎嘎玫耳[63]群体的新颖解释性实践的接受，马上就意味着弱中性流的存在**与**对实验和理论研究的新的场的存在。"[64]

皮克林的基本论点是，靴襻法的物理学和规范场的物理学，按照库恩(Thomas Kuhn)的术语是**不可通约的范式**(incommensurable paradigms)。换句话说，这两个阵营中的物理学家相互间无法交流，而支持一种范式的实验往往为相信另一范式的人所忽略。"他们将发现，"皮克林提出，

> 存在不同的自然现象和对其性质解释的不同理论要素的术语。这一假定的一个惊人结果是，适宜于不同世界的理论可能对"科学家的解释"支持的检验不受影响；用哲学语言来说，它们可能是不可通约的。其原因在于，每一种理论在它的现象域中站得住脚，但在现象域之外是错误的或不相关的……
>
> 因此，20世纪60年代和70年代灿若繁星的中微子实验和弱相互作用理论就是不可通约的：弱相互作用的旧理论和新理论，每一种都在自己的现象域中被证实，而在现象域之外则否。在不同时代的理论之间作出选择，要求一种……不能由预言和数据之间的比较所解释的判据……[65]

"旧物理学"即靴襻法，

> 集中于在HEP实验室最平常的过程。……新物理学改为强调罕有现象。……新物理学现象在旧物理学主要实验中是看不见的，旧物理学现象在新物理学实验的建构中也是看不见的。……企图基于一组平常现象在旧物理学理论和新物理学理论中作出选择是不可能的：这些理论是不同的世界的组成部分，它们是不可通约的。[66]

作为一名当时这场理论粒子物理学家中的讨论的参与者，我能证

实事件的这一描写被野蛮地夸大了,并且引起严重的误导。我们天真的人类学家允许自己被原住民的狂舞所愚弄!皮克林的声称的来源(旧理论与新理论是不可通约的)是可被充分理解的:靴襻解释是基于可能被当作用柏拉图的术语所称的"形式因"(在第八章要进一步讨论),而场理论解释属于以物理机制为基础的"动力因"。除了使用数学公式以外,靴襻法缺少所有的物理定律的要素,由于这一理由,所以总是被许多物理学家认为是不满意的。但是皮克林主张实验本身和它们的结果不可通约,这仅仅基于对事实的错误表达,事实在于:粒子物理学实验研究经历了一种注重点变化,因为新的理论引出需要观察回答的新问题,而这常常要求不同的实验技术。尽管皮克林对物理学并非无知,但他显然是戴着他自制的眼罩走进HEP实验室的。

除了在它们与事实不符时使用像**不可通约**这类的词,他还攻击实验者的动机说:"十分简单,粒子物理学家接受中性流的存在性,是由于他们也可能觉察到,在他们行业的辛勤工作中,一群人如何从中性流是真实的中获取更大的好处。"[67] 克莱因(David Cline),费米实验室一个竞争小组的领导人,曾经想去证明嘎嘎玫耳的结果是错误的,但最后不得不认输。"重读克莱因1973年12月10日的备忘录是极好的,它以如下的简单陈述开始,'目前我未看出如何使这些效果消失',"加利森(Peter Galison)说,"随着这些话,克莱因放弃了他长时间追求的中性流不存在的任务。"[68] 这不是完全像某些人设想的,他能够"从中性流是真实的中获取更大的好处"么?

皮克林总结他的分析结果,断言说:

> 基本粒子的夸克规范理论绘景,应当被看作一种文化上的特殊产品。新物理学的理论要素,和指向其存在性的自然现象,皆是历史过程的联合产物,这是一种在实在的公共适当表达中达到其顶点的过程。[69]

由于“在70年代后期，粒子物理学家们自身十分乐于放弃他们在前10年构造的大部分现象世界和解释框架”，皮克林告诉他的读者，“局外人没有理由对现今HEP世界观表示任何尊敬。”[70]毕竟，“HEP世界是**社会**产生的。”[71]皮克林的反常的彻底结论是：“任何人都没有义务采取一种世界观去考虑20世纪的科学说了些什么。”[72]

社会学家的狂妄自大

人们只能对社会学家准备好去判断和攻击科学的重大成就感到惊奇，这些成就是在20世纪的进程中由实验科学家取得的，对他们进行的实验、建立的这一多方面的和有影响的结构，存在着强大的甚至是激昂的不同意见和重新评价。相对主义社会建构论者的一个主要错误是，他们在收集证据时假定，由于在确立事实或理论的进程中，科学家们热烈地争辩而不是冷静地论辩，结果就像政治家中同样热烈的争论，结论无异于由外部的某些现实来确定。难怪他们断言，牛顿的万有引力被爱因斯坦的引力所取代，或者量子力学的引入，它们的认知意义无异于共和党候选人被民主党在选举中击败或颁布禁令。对于目前遍及科学社会学的认识论相对主义责任的大部分，有已故的库恩的影响，他后来特别愿意同他的弟子们脱离关系，弟子们的极端立场是他始料不及的。[73]

如果侦探在一桩凶杀案的调查中有偏见或先入之见，我们是否要下结论说谋杀者是一种社会建构，这个人被指控为有罪是**根据定义**？即使是一位愤世嫉俗的人，对于警察的工作也不能否认存在这样一种事件，其中存在**某个**实际的作案人，警察要去识别他，有时成功有时不成功。侦探的发现可能对可能错，但是如果这一定罪的发现是由定义作出的，那就不必审讯和起诉。当一个由专家组成的陪审团，在许多争论之后，宣称一幅油画是出自伦勃朗(Rembrandt)之手，有一段时间，他们的证据好像是把一幅功能相抵的油画当作真品；但这并不是我们说的断言伦勃朗画了它的那个**意思**。同理，科学家们之间激烈分歧的结局或许是或不是大自然的有效知识；但是归根结底，是大自然本身作决定，而不是社会偏见或者参与者的职业选择。很难否定许多科学家在布隆德洛(Blondlot)的N射线(进一步的讨论详看第五章)上的暂时信念，与法国科学家中带着国家主义情感有很大关系，还有冷聚变(亦见第五章)伪发现(pseudo-discovery)的捍卫者，有的是由对物理学家的傲慢感到愤怒的化学家发起的。但是，假如没有被其他科学家成功地抵制了他们可疑的证据，N射线机现在是否就是万用医疗仪器？或者对冷聚变来说，如果仅仅它的"发现者"没有受更专业的打击而退走的话，它是否会成为有用的技术？如果它们的捍卫者们还保持良好的政治关系或社会关系，热素和燃素是否还正确地解释热和燃烧？

在他们学说的"弱"表述下，社会建构论者所说的，对处于变动和混乱的科学领域，可能具有某种暂时的、部分的有效性，但它不适用于已确立的领域，在其"强"形式下则根本没有说服力。确实，并不总是容易说一个领域何时已被安排好：在板块构造观念受诋毁和忽略的数十年中，地质科学好像是被建立好了。我们应当记住科学范式转换的发展是曲折迂回的，有时甚至被强大的政治风暴所打击。但是，科学终于到达这样一种状态，在其中分歧被限定在较宽广的领域。假如这些社会学家的声称是真实的，即科学的组成部分的成果始终受制于争论，那些争论不过是公共建构，并且这些争论的最终结果不是由外部世界而是由社会势力所决定，那么，已确立的组成部分也将与大自然没有什么关系。但是，如果在建立时一点也没有关系，最后怎么能得到这种关系呢？社会解释什么情况下能不成为结局的单独决定量？社会建构论的"强纲领"不能退到变动中的科学组成部分来为自己辩解，而不丧失一致性。

当然,否认科学和周围文化之间存在相互影响、双向流动,是头脑简单的想法。但是主张理论中意义深刻的变化单单由对科学家们的社会压力和政治约束所决定,只能对科学知识的意义和确认这种重要问题更加迷惑。说到底,把深刻的知识上的和基本的实践问题的解决提交给变幻不定的社会和政治机遇,这些评论家作出一种歪曲的和荒诞的科学解释,否认根据经验证据的合理思考和逻辑推理及其适当的紧要作用。这就是大多数科学家愤怒地拒绝这些批评的主要原因。[74]

那么,让我离开那些社会学家,转向一个物理学家对物理科学的实质性的讨论。在后面的几章,我将逐一讨论物理科学的目的,以及它们所赖以成立的事实证据和形成它们结构的理论。然后,我将以考察它们提出的关于实在的十分反直觉的观念为结束,最后,讨论它们的真理观。

注释:

1. 感谢Richard S. Westfall向我指出往往在这一联系下被援引的 Giordano Bruno的案例,属于一个不同范畴。

2. Shapin and Schaffer, *Leviathan and the Air-Pump*, pp. 283, 284.

3. “科学同其他任何人类产物一样,是种族的和以血统为条件的。”Lenard语,转引自Clark, *Einstein*, pp. 525-526。

4. Harding, *The Science Question in Feminism*, p. 25;强调字体示原文中的斜体字。

5. Appleyard, *Understanding the Present*, p. 76.

6. 同上,p. 54。

7. 对这一联系的相关讨论,见 Gordon,“Darwin and political economy”。

8. 对隐喻和社会冲突对地质学中一场著名争论的影响的分析,见 Rudwick, *The Great Devonian Controversy*。

9. Bridgman, *The Nature of Thermodynamics*, p. 3.

10. Harding, *The Science Question in Feminism*, p. 237.

11. 同上, p. 113。

12. 同上，p. 116。

13. Keller, *Secrets of Life, Secrets of Death*, p. 91.

14. Forman, "Weimar culture, causality, and quantum theory".

15. 同上，p. 108。

16. 同上，p. 109；强调字体示原文中的斜体字，原文中斜体字为引者所加。

17. 同上，p. 115；强调字体示原文中的斜体字。

18. Feuer, *Einstein and the Generations of Science*, p. 170.

19. Forman, "Weimar culture, causality, and quantum theory," p. 110；强调字体示原文中的斜体字。

20. Heisenberg, *Physics and Beyond*, p. 9.

21. 对于反对 Forman 文章的论点，亦见 Hendry, "Weimar culture and quantum causality"。

22. Shapin, A *Social History of Truth*, p. 344.

23. Bloor, *Knowledge and Social Imagery*, p. 37.

24. Collins, *Changing Order*, p. 165.

25. 同上，p. 125。

26. 同上，p. 74；强调字体示原文中的斜体字。

27. 导致伪事实的两个例子，将在第五章讨论。

28. 物理学家 Dayton Miller 把他 1925 年重复迈克耳孙-莫雷实验的结果，解释为对爱因斯坦理论的否证，但当时相对论已经被 Miller 实验所忽视的其他许多结果所充分确证。

29. Collins, *Changing Order*, p. 143.

30. Collins and Cox, "Recovering relativity", p. 439.

31. Latour and Woolgar, *Laboratory Life*; Latour, Science in Action.

32. Pickering, *Constructing Quarks*.

33. 同上，p. 19, n. 13。

34. Bloor, *Knowledge and Social Imagery*, p. 85.

35. Frege, *The Foundations of Arithmetic*, p. 35.

36. Bloor, *Knowledge and Social Imagery*, p. 86.

37. 同上，p. 87。

38. 同上，p. 2。

39. 同上，p. 7。

40. Bloor, "The strength of the strong program", p. 205.

41. Bloor, *Knowledge and Social Imagery*, p. 32.

42. 同上。

43. 同上，p. 38。

44. Chalmers, *Science and Its Fabrication*, p. 92.

45. Shapin, *A Social History of Truth*, p. 16.

46. Latour and Woolgar, *Laboratory Life*, p. 31.

47. Latour, *Science in Action*, p. 25.

48. Latour and Woolgar, *Laboratory Life*, p. 243;强调字体示原文中的斜体字。

49. 同上, p. 180;强调字体示原文中的斜体字。

50. Latour, *Science in Action*, p. 99;强调字体示原文中的斜体字。

51. Latour and Woolgar, *Laboratory Life*, p. 176;强调字体示原文中的斜体字。

52. 同上, p. 237。

53. 同上, p. 182。

54. 同上。

55. 同上, p. 238。

56. 对反对建构论的这类论点的表述,见 Laudan, *Science and Relativism*, pp. 158ff。

57. 同上, p. 257;强调字体示原文中的斜体字。

58. Harding, *The Science Question in Feminism*, pp. 249-250.

59. 同上。

60. Latour, *Science in Action*, p. 100.

61. Bruno Latour, letter to *The Sciences*, March/April 1995, p. 6;强调字体示原文中的斜体字。

62. Pickering, *Constructing Quarks*, p. 413.

63. Gargamelle 是CERN用来检测粒子的一个很大泡室的名称。

64. Pickering, *Constructing Quarks*, p. 405;强调字体示原文中的斜体字。

65. 同上, p. 409。

66. 同上, p. 410。

67. Pickering, "Against putting the phenomena first", p. 87.

68. Galison, *How Experiments End*, p. 258.

69. Pickering, *Constructing Quarks*, p. 413.

70. 同上。

71. 同上, p. 406;强调字体示原文中的斜体字。

72. 同上, p. 413。在其最新著作《实践的糟蹋》中,Pickering采取了一种更为谨慎的态度,尽管他从未明确否定他早先的极端立场。他似乎与其以前的姿态最接近处在209页:"那么,科学文化(包括科学知识)必须被看作内在历史的,其中,它的特别内容是其产物时间上突现偶然性的函数。"

73. 在他的1992年Rothchild演讲(pp. 8-9)中,Kuhn宣称:"我是发现强纲领的声称荒唐的人之一:一个疯狂的解构的例子。"

74. 对于一位物理学家对相对主义社会建构论者的作品的精心策划的嘲弄性模仿,见Sokal,"Transgressing the boundaries",该文发表于《社会文本》杂志(编辑们未察觉文章的嘲讽意图)。这一恶作剧酿成《纽约时报》1996年5月18日的头版新闻,继之以一个专栏和一大批读者来信。

第三章

科学的目的在于认识

一些人怀着愤怒或赞美之情认为:“科学寻求施加于大自然的威力!”而另一些人则认为科学的目的是(或许应该是)为了改善人类状况。但对于绝大多数基础科学家来说,他们工作的最终目标在于**认识**他们所生存的世界并解释其运行机制。布罗诺夫斯基(Jacob Bronowski)曾明智地指出:“威力只是认识的副产物。”

> 希腊人称奥菲士(Orpheus)怀着这样的感情弹奏竖琴,连野兽都会被他驯服。他们没有提到他是为了做一名驯狮员才获得这一才能的。[1]

正是科学的这种有力产物——技术——能够缓和并驾驭自然界毁灭性的力量,如瘟疫、饥荒及其他灾难等,从而缓解人们的痛苦。

的确,科学的很大一部分着重于系统地收集事实,并进行分类,其中解释并不表现为推动力。观测天文学和生物学直到50年前才开始被付诸实践,这就是很好的例子。几千年来,自从伽利略时代最初利用光学望远镜到最近靠天线和粒子计数器等工具,天文学家一直致力于收集有关天空越来越详细的信息,其中一些信息导致了革命性观念和洞见——伽利略用他的新型望远镜观察到了木星的卫星,哈勃(Edwin

Hubble)对遥远星系的退行速度的测量,都具有重大的解释意义。另外,20世纪天体物理学在天文学中也起着越来越重要的作用,它的成功保证解释的更大作用。若干世纪以来,生物学一直为分类学所支配,即对观察事实进行收集和分类,近50年来它也开始变得更具解释性了,特别是在分子生物学和生物化学领域中。如同化学的初级阶段,这些学科早期的收集事实的方式是它们发展的必要步骤,但成熟的学科则超出事实的获得、描述和罗列,**认识**(understanding)* 是它的首要目的。

不过,坚持认识和阐明是科学的首要目的,就其本身来说,并未说得太多。人类的另一些活动也有着类似的目的。进而,这些词的意义并不是**先验**显然的。在很多文化和历史阶段中,神话和传说起着揭示自然奥秘的作用。同样,在我们的文化中,有些解释与科学大相径庭,在宗教中尤其明显。诚然,正是科学目的和宗教目的这一部分共性导致其冲突和争论,而这些只能通过明确科学家们所说的认识来解决。宗教科学家的数量,像现成的例子如牛顿(Isaac Newton)、天文学家和物理学家爱丁顿(Arthur Eddington),告诉我们这种冲突不是不可避免的,而一些有名的科学家,像温伯格(Steven Weinberg)[2],和记者阿普尔亚德[3],对此持相反的观点。

行星为什么在它们的轨道上运动,可以被解释为上帝把世界造成这个样子,或者我们也许会说它们的运动是为了实现宇宙中某种神秘的目的,或者它们这种特殊的运动可以确保生命得以在其中之一上存在。这些解释的任何一种或全部在某种意义上可能被令人信服地认为是对的,并在适当的语境下作为满意的解释,但是它们没有一种能被认为是科学的。它们缺少对最近400年来发展起来的科学来说至关紧要的特征,即

---

* understanding,依不同场合译作"认识"、"理解",有时亦作"知性"解。——译者

> 科学解释必须是知识结构的一部分，这种知识结构是由客观的、公开的、由对大自然观察和实验得到的证据最终证实了的，而不是由神启、经文、个别人的经验或权威给出的。

当我们需要一种解释时，我们就会问“为什么？”——为什么一个棒球的运动路径恰如扔出去的拐弯球？为什么会在某时某地发生地震？为什么钠加热后会发出黄色的光？当然，有些时候，这些问题会从“怎样”开始；有些科学史家，像科恩(I. Bernard Cohen)[4]，认为“怎样”问题比“为什么”问题更能体现科学的特征，因为“为什么”像是寻求**目的**，而“怎样”则寻求**机制**或一种简单描述。

近代科学并不是在目的的名义下提供解释：将自然现象归结为终极原因的目的论解释不是科学方法论的一部分，原因在于对这类问题的客观回答不能由观察和实验得到或证实。然而，毫无疑问，科学中产生的很多问题恰好是从“为什么”开始而不是从“怎样”开始，科学对这些“为什么”问题的回答，有些人，特别是那些倾向于亚里士多德的哲学家，是不满意的。如果我们用牛顿运动定律和万有引力定律解释行星的运动，会有更多的疑问有待解答，如**为什么**引力随距离的平方而减小？**为什么**运动定律是那种形式？这些问题就是爱因斯坦当初试图弄清楚“上帝创造世界是否有所选择”时所想的，也就是当代物理学家们期望用“万物之理”来回答的问题。不管这些雄心最后能否实现，科学家们必须同时使自己满足于更为谦虚的目标。

什么需要解释？

库恩在他的名著《科学革命的结构》[5]中，引进了“范式”(paradigm)的观念，它可以粗略地解释为“研究纲领”[6]。范式超越了一种理论的特定表述，它包含一种关于自然、关于问题以及如何最有效地解决问题的思考方法。它涉及这样一些事情,如什么问题是自然产生的,什么样的实验应当去做并且可能得到有意思的结果,什么能认为是理所当然的,等等。当肯定这个观念对许多目的都十分有用时,它的应用有时远超出其合适的范围。科学家们在他们的工作中,使用不同的范式,以致使他们无法进行有意义的交流(他们的范式是"不可通约的")。在库恩看来,科学革命是"范式转换",是接受取代一种不可信的范式的新范式。我同意这种转换时有发生,但我并不相信科学进步对范式的依赖到了库恩所想象的程度,我将有节制地使用它。

但是,当我们考虑"什么需要解释"这一问题时,我们发现科学家们关于什么可以被认为是理所当然的和什么需要解释的观点会发生周期性的变化,即库恩的范式转换,而这种变化在科学发展史中,是一种驱动力。有些一度认为需要解释的现象后来不再需要了,于是为进一步发展排除了障碍和扫清了道路。举例来说,牛顿引进万有引力概念作为一种"超距作用",他的想法和他同时代人不一致,甚至一开始他自己也不同意,因为它引进了一种无接触的因果性影响。大多数物理学家现在考察超距作用时也一再表示厌恶,不过这并不能改变这一事实。由于消灭了解释的必要性,牛顿使这一概念在将近两个世纪中得到了极富成效的应用。

更常见的是以前认为不需要解释的现象的补充解释,提供了一种对新观念的推动。在许多此类情况下,甚至连考查寻求认识所需的工具也不存在或不充分。几千年来,直到19世纪可行的理论观念出现之前,从太阳发出的光和热一直被简单地假定为是来自"火",而没有进一步的探究。应用新近发展的热力学科学,亥姆霍兹(Hermann von Helmholtz)就可以解释热能是由于万有引力产生的,并且实际地计算了它的总量。[7]

在20世纪40年代和随后的若干年中,当量子场论特别是量子电动力学快速发展的时候，电子和其他基本粒子的质量的数值被认为是无需解释的，诸如电子和质子的电荷等基本常量也无需解释。事实上，基于量子场论“重正化纲领”观念，使精确计算能够极好地为实验所验证，使用这些常量的实验测量值犹如已知而没有深究。现在这种情况变了，这样一种情况已变得时髦了，即粒子物理学家们期望理论最终不包含任何在实验结果基础上由“手工”插入的常量——“万物之理”应当解释自然界的**所有**常量。由科学家们决定什么需要解释、什么不需要解释的自由，使科学比起由大自然简单地决定的一批命题要多得多。

在着手于什么**是**解释的问题之前，我们应当最后问一问**为什么**我们需要解释。当然，存在很多不同的回答。有些人认为认识自然的目的是施加威力，另一些人认为是为了解除人类苦难，这两个目的经常交织在一起。早期的天文学家主要出于宗教目的运用他们的知识和对天空日月食进程预测的有限认识，同时大大增强了他们自己的威望。通过基于化学和生物学的农业方法施加威力于自然，使人类饥饿问题大为减轻。不过，从基础科学的观点来看，无疑认识自然就是其目的，并且带给它自身的满足。没有什么外在压力强于内在的好奇心的力量。

什么是解释？

那么，什么是解释呢？显然当我们试图去解释事物的状态或事件的进程时，所用的词、隐喻和观念都必须同听众的词汇和以前有的知识水平相适应。我们在向一个5岁的孩子解释一种现象时用对成人解释时用的词和概念，肯定不可能成功。我们不能用训练有素的科学家的术语同一个在科学上没有受过教育的人谈话，也不能像对同一学科的同行那样与其他领域的专家谈话。3岁小孩对每个解释的反应是另一个“为什么”，这说明对成人的适当回答不适用于孩子。而且，即使是对同一个人,“我明白”的意思也可能是变化的,这取决于他思想的注重点。一位数学家在一种意义上可能理解一个定理的证明并且同意它的正确性,但在另一意义下,他会说他仍不理解“它为什么行得通”。如果一个定理的适度复杂的证明被分解为它的最基本的逻辑步,即数理逻辑学家有时所采取的方法,每一个熟悉符号的人都可以吃力地检查它的正确性,不过,除了受过专门训练的数理逻辑学家之外,仍然没有人能够**理解**它。为了掌握**解释**和**理解**的含义,我们必须估计到接受者预先的知识和期望,以及所提供的东西的复杂程度。

当我们说我们**理解**一个解释时,显然我们想说的是我们能够轻易将它归并入我们其他的知识中去,不仅没有感觉到矛盾,而且能从那些知识中合乎逻辑地重复这一解释。如果需要,解释的部分可能包含我们必须接受的新的信息,但如果我们的**全部**要求是将所接受的陈述作为一条新的知识,我们就不会觉得所给的解释是令人满意的。当我第一次告诉一个孩子说灯灭了是因为我关上了开关,我的话里没有解释任何东西,但它们添加了一条新的知识。如果在有了若干次同类经验之后,这个孩子再问为什么灯灭了,在这一特殊情形,给了同样的回答,她就觉得满足了。但对一个成人,同一个人可能不满足于这种回答,而会合理地发问,为什么动墙上的开关,灯会灭掉。

如果理解意味着能轻易地将某种事物归并入原有的知识或信仰中,我们就必须认识到在科学以外的许多领域以及它们的相邻区域,如大多数神话和传说、占星术和巫术,也都服务于类似的目的。发出**预言**现在作为**科学**解释的一种强有力的附加要求被引入进来,这就是物理学家如此强调它的原因。当我们认为自己科学地理解一个过程时,我们应当能够用它作出准确而不含糊的预言;没有其他的理解模式具有这个特点。预言的准确性依赖于解释中所包含的理解方式和理解程度,但若没有预言,科学家的理解就被认为是有缺陷的。对一连串事件作历史的或哲学的理解就没有这种要求。

如果我们能够从我们以前的知识合乎逻辑地重构一个解释，并把那种认识运用到不同于先前提供的环境中，该解释就是令人满意的。这就是为什么科学教师要如此强调解题，让人文学科的学生感到恐怖。为了证明一个学生明白了一个科学原理，她被要求去在不同于她开始学习该原理的情况下应用她的理解。一个学数学的学生除非能够把一个定理应用于另外的情况，否则她就没有明白这个定理。对某些特例的有效运转的记忆和再现，都不算理解。

转到同一问题的更高层次，热力学可以作为一个例子。在19世纪早期的几十年里，人们认为热力学第一定律和第二定律能够完美地解释很多观察到的现象，包括气体的性质和热传导；在一定意义上说它们至今还是这样。对那些接受当时尚在争论的原子和分子存在的物理学家来说，热力学定律需要进一步的解释最后变得很明显了。如果气体由分子组成，它们的运动受牛顿定律所支配，那么能量守恒定律、熵增加定律以及其他所有热力学的定律都应该合乎逻辑地遵从支配组成分子的那些著名原理。这样一种说明，后面我还会提及，是在19世纪的下半叶由麦克斯韦(James Clerk Maxwell)、吉布斯(Josiah Willard Gibbs)和玻尔兹曼(Ludwig Boltzmann)通过新形成的学科统计力学来完成的。

在凯恩(Gordon Kane)的新著《粒子花园》中，他区分了三种水平上的理解，他称之为**描述性理解**、**输入和机制性理解**和**所以然理解**。他提供了一个盒式磁带录像机的例子：**描述性理解**是你会操纵它，但它坏了你不会修；**输入和机制性理解**是你无需外来的帮助和零配件也能修理；**所以然理解**是你能够发明它、设计它和从原材料开始制造它而无需外来帮助。这三个水平上的分类是作为区分理解基本粒子理论不同类别而提出的。他作结论说，基本粒子的标准模型(即目前公认的理论)，已经达到了第一个水平;如果发现了希格斯(Higgs)玻色子的话,可能接近第二个水平(为了研究它,在得克萨斯设计了巨型加速器),因为那样我们就能够用一个质量来计算所有粒子的质量。对第三个水平,它将达到一种"万物至理"的顶峰,它是否可能达到,凯恩留待后人回答。我认为,对更普遍的科学问题,这一分类方案是不够的,而任何对理解固定分类的打算注定都要失败。人类的思想是以曲折迂回的方式运转的。

作为解释的理论

理论是科学家解释大自然行为的主要工具,不过**理论**一词在这里并不含有与猜想相关的意思,这种暗含的意思使许多非科学家排斥科学的某些部分,说"那不过是个理论"。当牛顿有力地宣称**我不需要假设**(*hypothese non fingo*)时,他认定自己没有沉迷于推测中。诚然,科学家提出的某些猜测性解释只不过是有根据的猜测,但是在至少取得合理数量的事实证据支持之前,这些还不能冠之以**理论**。这种证据的性质和使用,我们在本书稍后还要讨论,在这里,我只想讨论一下科学所提供的理论的种类和它们作为解释的价值。

理论的意图是成为解释工具,并且这种意图的成功与否至少部分地和听众已有的知识有关,这一事实对科学中偶尔遇到但又往往令非科学家感到困惑的现象给予说明:未成熟的理论或发现。当丹尼尔·伯努利(Daniel Bernoulli)在1738年提出气体的压强是由快速运动的分子撞击容器壁的动量所产生的时候,物理学界还没有准备好接受这一观念。直到1905年爱因斯坦解释了所谓的布朗运动,即在显微镜下,观察到的微小灰尘和花粉的无规则运动,乃由于与分子随机碰撞的效果,气体动理论才终于被公认。奥地利的修道士孟德尔(Gregor Mendel)关于遗传定律的阐述被忽视了35年之久,直到又被其他人独立地发现。

原子核放射衰变中的“宇称”不守恒，即镜像对称的破缺，在1929年就被发现了，不过被认为是实验误差而忽视了近30年，因为每个人都**知道**大自然在反射下是对称的。在所有这些以及其他许多例子中，那些根本性推理发现没有被承认，理论未被接受，是由于科学家共同体中没有适合它们的概念框架，从而不能理解它们。只有当其他知识积累到这些发现和理论可能被没有不协调地接纳时，理解才会来临。

不同种类的理论

在开始讨论之前，有必要先区分一下各种不同的理论及它们所起的作用。爱因斯坦在“建构理论”（即提供详细机制的理论，如气体动理论）和“原理理论”（即广泛适用的抽象原理，如热力学和相对论）之间作出了一种重要的区别。他说只有前者才能导致真正的理解：“当我们说理解一类自然现象时，我们的意思是我们已经发现了一种能包含它们的建构理论。”[8] 他提出原理理论，并不是由于它们的解释能力，而是由于它们的广泛性和“启发性价值”，他的意思是，原理理论对“物理学进一步发展的意义”特别重要[9]。这就是他把1905年他引进**光子**以解释光电效应的那篇革命性论文命名为“涉及光的产生与传播的一种启发性观点”[10] 的原因。

如果可以把爱因斯坦对理论的区分看作“纵向”区分，那么还有一种区分可以称为“横向”区分，它区分了带巨大普遍性的理论，和只局限于有限数量的现象的意义上来说的、较多具**局部**特点的理论。物理学是提出最普遍的理论、对不同情况有最广泛应用的科学。由于它必须远离特定的环境，物理学的这种普遍理论必定是最为抽象的。因此，由于它的抽象性，物理学被看作科学中最发达，并且对于非科学家最难懂的科学。在它们目前的历史阶段上，生物学和心理学理论就没有像牛顿运动定律那样的广泛，所以总是具有更为局部得多的特点。

局部理论

科学中的大多数理论皆是带有限制性的，也就是说，它们有严格的适用范围，要么是与其他理论无关联，要么是普遍理论的特殊情况。例如生物医学的理论，通常具有前者的多样性，很难把它们同普遍理论联系起来，主要因为有关疾病的特征或原因的普遍理论尚不存在也可能永远不存在。不过，在我们已有像在物理学中的普遍理论的情况下，也还是需要局部理论的。

基于普遍定律或原理的局部理论，通常能够使那些原理最为直接地同观察或实验相对照。为了便于进行这种对照，科学家必须由那个包罗万象理论得出详细的结果，这是大多数理论物理学家的谋生手段。(没有什么人年年在干发明一种新的相对论的营生！)这些大的普遍定律的局部结果经常被独立地称为"理论"，因为它们和上一级亲缘理论的关联，或者没有形成紧密的、合逻辑的推理链，或者是这条链太长了。同理，欧几里得几何学有很多重要的个别定理，它们都是欧几里得五条公理的推论，然而它们都加入了"新的"东西，有些人第一次学习它们时会感到十分惊奇。[11] 在相同的意义下，物理学中的局部理论是较大和较宽的理论的结果，通常可以恰当地称自己为理论。而且，它们在我们认识自然中起着重要的解释作用，即在很多情况下，比那些普遍理论更为直接和重要。尽管如此，正是普遍理论解释局部理论。

涌现性

服从于已充分确立的一般定律和原理的大尺度系统，经常产生服从于复杂的新的局部定律的结构,这些情况有时被归结于**涌现性**。[12]化学和生物学中的所有定律都被认为具有这种特性。在物理学中,热力学的时间箭头从统计力学涌现,统计力学建立在没有优先时间方向的更基本的微观定律基础之上。在我们身边大量发生的熟悉的日常经验是**不可逆的**,一个鸡蛋掉到地板上或一滴墨水滴入一杯水中的录像带,把它倒着放,我们一眼就能认出是反转了,这种情况可以由热力学第二定律来解释,而这需要一种十分精确的和特别的从普遍的微观定律(不管是经典定律还是量子力学定律)导出的局部理论。这涌现新的性质的重要例子值得仔细描述。

19世纪中叶,在热力学还是物理学的一个自治学科的时代,克劳修斯发明了熵的概念,这就使得他可以去表述由克劳修斯和开尔文勋爵(Lord Kelvin)最早给出的热力学第二定律,它的简单形式是:**封闭系统的熵永远不会减少**。如上所述,当分子假设变得越来越像一种物质构成理论时,产生了基于这一假设解释热力学定律的需要。对于第一定律(即能量守恒定律)的解释来得容易,因为它是牛顿力学的一个完整部分。第二定律则十分神秘。分子的运动毕竟是服从牛顿定律的,按照牛顿定律,所有的过程都是可逆的,假如有运动分子的录像带,如果倒过来放,都不会感到奇怪或与这些定律相矛盾。那么,熵的特性是什么呢,怎样解释它的无情增长呢?解答由玻尔兹曼所给出,他证明,如果熵被定义为由大量分子组成的系统(如气体)的状态概率的对数,**它就不会随时间而减少**。这样,热力学第二定律就失去了它的绝对性特点,而仅仅说明对任意封闭系统中熵增加是**非常概然**的,即它的概率与1极为接近,但不是必然的。以前是预言的确定性,新近是高的概率,两者之间的差距在实践上是不重要的,然而,在原理上有很大的区别,而这使得专长于热力学并对它作出重要贡献的普朗克(Max Planck)费了很多年才接受这一新的理解。

对于玻尔兹曼如何从无箭头的牛顿定律中费力加入了一种时间箭头的解释乃基于两个基本事实之上,它象征着从已有的普遍理论中产生了令人惊异的新特性。第一,组成物质的分子是微观的,而普通的宏观容器里充满了大量的分子;第二,我们提出的问题由我们的因果性概念所支配。我们可能问的典型问题是:“如果我们安置了两个不同温度的房间,然后打开它们之间的门,会发生什么?”在事件的自然进程中,每一个房间里的空气分子分布是变化起伏的,通常对均一平衡会有小的偏差,而大的偏差则十分罕见。这种涨落的图形表明对时间没有优先方向。不过,当我们“安置了两个不同温度的房间,然后打开它们之间的门”的时候,我们就人为地建立了一个系统,它开始于极不均一的状态。在事件的通常进程中,峰值是幅度很大却很罕见的涨落;于是最**可能的**状态自然是对接近于平衡的均匀状态的小偏离,这样熵就会增加:偏离越小,概率就越大。那些没有人为安排而是自然产生的相同的大涨落,总是先于并跟随着具有高熵而涨落又小得多的状态。熵的主要性质应当是,关于它在处于涨落的大峰值上的不寻常的小值是对称的;趋向过去和趋向将来它都会增加。

熵极可能随时间而增加的唯一原因是,我们不可能等得到两个房间的温度自己变得明显不同,这是十分罕见的事件,为了它我们可能会等上几十亿年。不过,人为地使两个房间的温度不同却不难,之后的问题是,“在我们打开它们之间的门**之后**,会发生什么?”进而,如果分子数不那么多的话,则熵增加的概率也就不会那样接近于1。这样,起着许多重要解释作用的热力学第二定律,即便是对所有分子的牛顿运动方程的解(在它可行时)的解释作用得不到满足,这种局部定律仍被看作这些方程的一种涌现结果。

考虑另一个例子,我们对超导性现象的理解。某些材料具有特定的转变温度,在此温度之下,它失去电阻而成为理想导体。这一现象的实验实现是由卡末林昂内斯(Heike Kamerlingh Onnes)在1911年作出的,解释这一效应的理论是在实验发现作出后45年,由巴丁(John Bardeen)、库珀(Leon Cooper)和施里弗(John Schrieffer)创立的,该理论是量子力学和电子、原子的已知性质合起来的结果。虽然所有的物理学家都认为超导性可以期望以量子力学和已知的事实最终得到说明,但在BCS理论之前没有一个人宣称**理解**了它。如果用巨型计算机通过程序来计算这种系统的量子力学方程的解(当然没有),而且其结果和实验符合,这甚至是可能的。对这一效应的真正理解,要求一种局部理论。

同样,所有生物现象最终都可以归结于物理原理的论断,并没有否定对生物学定律的需求和重要性。即使可能存在一种庞大的量子力学计算去"预言"遗传,它还是解释不了任何事情。DNA和双螺旋结构,尽管是从根本上通过化学基于量子力学的局部理论,它仍然是一种认识生物遗传性的合适工具。而且DNA结构对理解遗传特性来说还是不够局部,为此我们需要更为局部的孟德尔定律。

计算不充分

通过大规模计算来帮助我们对认识某种现象作出预言是不够的,这一事实显示了在科学中应用计算机的局限性。大型和快速计算机在科学中无疑起着十分重要的和极为有用的作用,它能帮助我们找到具有复杂方程的理论的数值结果,否则在许多情形下实际上是不可能去求解的。

非线性[13]偏微分KdV (Korteweg-de Vries)方程的研究就是一例。在19世纪后期提出的该方程是用以描述在一维渠道中浅水波运动的。在20世纪60年代,计算机计算导致**孤子**(solitons)的发现,该方程的行波解可以被描述为一些孤立的"肿块",彼此可以碰撞;在碰撞时,肿块发生变形，但是碰撞之后，它们恢复原样，形状、速度和幅度都不改变。在计算机上发现的波的这种十分出乎意料的行为，显然需要解释。事实上，解释在不久之后就找到了，它引起数学上远远超出KdV方程的分析的令人惊奇的发展。以薛定谔方程（对量子力学是基础的和线性的）为一方，非线性KdV方程（它与量子力学毫无关系）为另一方，其间的一种没有想到的关联被发现了。这种关联可以看为傅里叶（Fourier）变换的推广，傅里叶变换是对确定许多线性方程的解一种至关紧要的数学工具。在这一计算机辅助发现作出之后，物理学和生物学的许多领域中都发现了孤子的存在。它们只存在于计算机计算结果中的事实，并不能引导我们**理解**这种现象。真正的理解要求进一步的数学分析，由它产生了一个全新的、处理现今称为“逆散射变换”的应用数学领域。

子学科与直觉

事实上，物理学的大多数子领域皆为局部理论，它们的定律都是较大定律在附加了特别简化的假设和近似下的推论。流体动力学和声学就是合适的例子。19世纪下半叶，声学定律的基础基本上是由瑞利勋爵（Lord Rayleigh）奠定的，这些支配声的行为的定律全部遵从牛顿运动方程、热力学定律（记住，它们也是那些牛顿定律的推论）和基于瞬间压力的微小变化形成声音的假定。类似地，流体动力学也是从牛顿运动定律在对流体的特别的近似下导出的。无疑，如果我们能够对所有个别的分子求解牛顿方程，每一种流体的行为都将能够得到描述。而即使是这样，我们依然不能**理解**湍流现象！光学定律也是一种较大理论的局部理论，对这一情形的较大理论就是电磁波的麦克斯韦方程（在解释某些特殊现象时，需要一点量子力学）。不过当我们解释一架显微镜怎样工作的时候,我们并不从麦克斯韦方程开始。

在物理学中还有许多例子,说明局部理论是特别的近似方案应用于一种较大理论的结果。在粒子物理学中,这是一种常见的程序。这样的局部理论,用物理学行话来说,通常称为“唯象的(phenomenological)”,这个词不应当和它在哲学(philosophy)中的意思相混,除了或多或少被验证了的一种较大理论的近似或直觉解释外,通常还要结合局部实验结果。因为局部理论通常并不是严格地从上一级理论中导出的,在它们成功地与实验相符时,它不会被看作那个较大理论的成功;充其量也不过看成是基于较大理论的一种直觉的胜利。然而在许多情况下,局部理论确实成为解释实验结果的一种重要工具,否则就毫无意义,这就是为什么实验者经常喜欢在其实验室中保留“家务的现象学家(phenomenologists)”的位置,喜欢他们要甚于那些同大理论相连但是与直接的可证实结果距离很远的理论家。很难否认,必须考虑到大量与实验结果相一致的局部的唯象方案,从某种意义上说,要倾向于它们赖以为基础的大理论,尽管这种一致还说不上是真正对它的确证。

直觉,在物理、化学、数学的形式的或其他形式的一种被高度评价的品质,是与这种实验结果的唯象解释紧密相关的。物理学家有时表示相信他们的直觉是一种品质,给他们中之最优秀者以对大自然内在机制的特别的和直接的洞察力。尽管这种说法中可能包含一点真理,但事实在于,现今科学家的直觉在很大程度上受现在的理论和知识水平的影响。法拉第杰出的洞察力,并没有让他在量子力学的意义上凭直觉知道大自然。卢瑟福对α粒子散射结果的解释,即对原子的质量和正电荷都是集中在它们中心的一个极小区域内的确证,乃基于经典物理学,对这一特殊情形,碰巧得到了和在10年之后才创立的量子力学相同的预言。这样他基于错误物理学的正确直觉,发现了原子核。

从本质上说,直觉是目前科学知识的一种彻底的内在化和融会贯通。它使一个科学家能迅速而可靠地识别对新结果的哪一种解释是正确的,并且凭直觉找到新的解释。在**科学理解**中,直觉可以使他能够解释新的、使人迷惑的实验结果,并且去推测创造性的理论,这些理论随后必须极为细心地去验证。实际上,高度发达的直觉往往比详细的理论知识要重要得多。没有一个成功的音乐厅是通过解声学方程来设计的。在数学中也是一样,直觉对作出重要进展起着强有力的作用,许多伟大的数学家通过直觉作出的重要贡献需要其他人用许多年去证明。[14]确实,任何新的定理在它的正确性被完全证明之前,必须有一种首先是基于直觉的表述。

科学进展总是来自新观念而不单单是来自一大堆事实的汇总,这使科学家们大为看重直觉。富有成效的新观念,不可能按照随机方式找到。在还没有有效的知识之前,它们必须在对什么可能证明为"正确"的敏锐感觉引导下得到。这就是完全沉浸于狭窄主题的专家(specialist)的非凡受益之处,与之相比,那些视野广阔的通才(generalist),则可能促成理智的关联和看到更广泛的牵连,但不容易发展像直觉那样可贵的洞察力。这种洞察力引导理论科学家不靠证据就可以提出基本的新理论,引导实验家设计一种精巧的仪器去对准大自然的有意义的新问题。正是直觉把科学推进到超越它的前沿,就像在玩橄榄球时一个往前的长传,不过这只球在直觉确认下必须被抓住,才能算触地得分。

层次与还原论

单一学科的不同领域之间的关系和不同学科之间的关系,与普遍理论和局部理论之间的关系类似,这意味着科学学科之间存在着一种确定的层次关系。粒子物理学家把他们自己的工作看作是最“基础的”(fundamental),这意味着是最重要或者最深奥的,而这种观点经常为固体物理学家所不满。暂且把重要性和深奥性搁置在一旁,它们和我们所称的“基本的”(basic)是全然无关的,从某种十分有意义的角度来说,粒子物理学比起材料科学来说,**是**更基础的。如同凯恩指出的[15],按照他的用语,它是物理学中旨在对第二乃至第三水平上一种基本认识的仅有部分。他认为,如果它是成功的,它将确实是所有科学的最基础部分。而且,寻求对大自然的基本力和它的根本组成结构的认识,无论如何都不依赖于我们对大量粒子聚集物行为的认识。另一方面,不知道单一组分的性质就不可能理解**大量**粒子的行为。当温伯格写到基本粒子物理学更基本时,他的意思是“那更接近于所有我们解释箭头的汇聚点”。[16]这里必然需要一种层次关系。

但是,认识到这样一种层次系统,并不意味着大量粒子的行为可以完全地由单个粒子行为之和来理解。在大自然中,存在着整体大于部分之和以及在大尺度上涌现全新效果的集体效应。我们很容易想到像不可逆性、相变、超导电性、超流动性等重要现象的例子。在从事研究远超过被实际情况证实的复杂系统的热心成员中,对这种“涌现性”都有一种神秘感。作家格雷克(James Gleick)非常成功地向一般公众介绍了新近流行的混沌科学(science of chaos),他在一次报告中说:“关于复杂系统存在着基本的定律,不过它们是全新类型的定律。它们是结构和组织以及尺度的定律,而当你把注意力集中在一个复杂系统的个别组分上时,它们就干脆消失了。这犹如你单独接见一个聚众诽谤群体的个别参与者时,那种群体的心理就消失了一样。”[17]但在诸如超导性现象中,要说“当你把注意力集中在个别组分上时”,它确实“消失了”,是服从“新**类型的**定律”,这是一种误解。不错,大量粒子的合作会涌现集体效应,而且长程序(long-range order)是以许多粒子为基础的,这实在可以类比为聚众诽谤的群体心理，但解释超导性的BCS理论并没有宣称是一种“新类型的定律”，它的作者们由于从支配晶体中的电子和离子的定律导出了他们的理论，而分享了诺贝尔奖。

层次关系并不意味着，为了理解大批物质的行为，必须去理解构成固体和液体的离子中电子和核子是“基本的”还是它们自己组成更基本的材料。基本粒子的标准模型与对铁磁性的解释无关，但是关于分子和电子性质的知识则不是这样。进而，如同温伯格所观察到的，“不管基本粒子物理学的**发现**对所有其他科学家有没有用，基本粒子物理学的**原理**对全部自然来说是基本的。”[18]

物理学、化学、生物学、心理学与社会学这些学科之间的关系，类似于粒子物理学同凝聚态物理学之间的关系。我们对化学的所有理解都基于元素周期表中的原子的性质，元素周期表又是根据量子力学基本定律编制的，包括泡利(Pauli)不相容原理(解释原子中电子为何分层排列)。这并不意味着对物理学的理解使得全部化学成为微不足道的结果，也不意味着化学家为了行使职责必须懂得全部物理学。存在涌现的化学性质和专门的化学直觉，这对它的从业人员来说弥足珍贵，但是从根本上来说物理学定律支撑着全部化学。

和化学一样，生物学一度是一门全然独立的学科，但是最近半个世纪以来，生物化学和微生物学日益占据优势，在层次系统中的位置同化学更为密切。可以预料，心理学也会有类似的发展，可能导致它越来越以生物学为基础，而社会学则以生物学和心理学为基础。当然，目前这种预测还是十分有争议的，并且为许多心理学家和社会学家所刻意反对，不过所有的理由都预期着它最终会成为现实。

我在上面的论点组成了通常所说的**还原论**(reductionism)，在有些领域中，它的名声不好。还原论的反对者主张以他们自己的术语和自己的解释工具来理解现象；它们不应当还原为其他学科和理解模式的一部分。按照这种观点，社会现象和生命，是自成一类的，任何用更基本的概念去理解它的企图，不仅没有用，而且是错误的。这一派别的许多人指责所有属于还原论者的科学家把我们引向错误的方向，在那里不可能发现真正的知识。[19]

情况确实是这样，科学在本质上是还原论的，而不可能是别的。理解一种复杂现象的最简单的方法，是把它的解释还原为某些较简单的业已理解的事物。从根本上说，在没有不断引进许多特定的新概念和解释工具时，这种方法不可避免。生物学家应当满足于遗传学的经验定律，而不必寻求在DNA意义下它的分子机制的解释么？当然有特殊的生物学定律，但不意味着它们都是从头的新创造。还原直接地说明了大自然所有部分之间的密切关系，这种关系是许多反对还原论的人也强调而又盲目否定的。然而需要承认的重要事实是，还原论并不意味着大自然不存在涌现性。化学中充满了超出纯粹从物理学引用的概念和理论；生物学具有它自己的局部理论，对生物学理解来说，这些局部理论比起作为它基础的化学和物理学知识要重要得多。预言心理学最终以生物学为基础，并不是否定心理学家需要他们自己的恰当的认识工具；期望有朝一日社会学将基于心理学和生物学，也并不是主张它“不过”是这两种学科之和。如果我们否认这些层次关系，我们也就否认大自然是一个有内在联系的整体。

在这一章中，我论述了物理学的主要目的是去解释大自然的现象并讨论它的含义。下面，我们要仔细考察为了达到这一目的所需的智力仪器和工具。

注释：

1. Bronowski, *Science and Human Values*, p. 10.

2. Weinberg, *Dreams of a Final Theory*.

3. Appleyard, *Understanding the Present*.

4. 这种主张乃基于我对Cohen将近50年前的回忆,当时我是他的一门课的助教。

5. Kuhn, *The Structure of Scientific Revolutions*.

6. 这一短语被科学哲学家Imre Lakatos用于类似的思想。

7. 一个世纪后,在量子力学和核物理学创立之后,Hans Bethe根据详细的热核过程给出了一种解释,该过程显示Helmholtz的结果仅仅是答案的一小部分。

8. Einstein, *Out of My Later Years*, p. 54.

9. 见Klein,"Some turns of phrase in Einstein's early papers", pp. 369–373。

10. Einstein,"Über einen die Erzeugung und Verwandlung des Lichtes betreffenden heuristischen Gesichtspunkt."

11. 这是数学的一个老大难问题:如果所有的算术定理皆是公理的逻辑结果,那么数学在何种意义下宣称在数论中发现"新"东西? Fermat最后定理花了350年才最终得到证明——这一定理肯定没有宣称什么新东西,即使它是算术公理的逻辑结果。

12. Gell-Mann, *The Quark and the Jaguar*, pp. 99–100.

13. 线性方程,和在代数中一样,只包含一阶未知量;非线性方程则包含二阶未知量或其他形式的未知量。不熟悉微分和微分方程概念的读者,可以在我的著作《探求万物之理》中找到简洁的介绍。

14. 例如,见Hadamard, *The Psychology of Invention in the Mathematical Field*, pp. 116–123。

15. Kane, *The Particle Garden*, p. 166.

16. Weinberg, *Dreams of a Final Theory*, p. 55.

17. 转引自Weinberg, *Dreams of a Final Theory*, p. 61。

18. 同上, p. 57;强调字体示原文中的斜体字。

19. 在某些语境下,**还原论**仅仅指某些特定类型的还原,它的反面不一定意味着某些现象是别具一格的。这里,我不指这种含义。

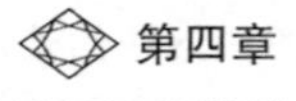
第四章

解释工具

我在上一章讨论的唯象结构，通常被看作**模型**而不是理论。有一种说法是“不要把我的建议太当真，它只不过是一种模型”，这种说法对模型的实在性和完全性存在一定的怀疑。怀疑也明显地表现于**模型**这个术语的使用中，它一直被广泛应用于科学的其他领域中，而现今比过去更常用于物理学中。甚至在目前被公认的基本粒子这种最基础的理论中，它也被称为“标准模型”；先前如此广泛的理论没有用这种方式提到过。但是，不管物理学家想强调理论所描述的事物缺少实在的支持，还是想表达他们意识到的理论的局限性，他们只是称之为模型。某些持有不可知论观点的人索性把所有的理论都归结为模型，大多数物理学家在哲学上倾向于谨慎，但我要作一个区分，有时在以下两种态度之间是模糊不清的：一方面，是权重较小的模型；另一方面，定律和理论是接近于对大自然或其部分的一种详尽描述。

模型

两个多世纪里，人们一直精心地在物理学中尝试建构一种图景去解释不用具体表达就难以理解的现象。这就是所谓**以太模型**(ether models),它的建立是用来解释像万有引力这样的力怎样通过看上去空无一物的空间的传播,稍后用来解释在真空中电和磁的振荡现象和光的传播。这一模型发端于笛卡儿(Descartes),他是第一个提出以太的人,以太被想象为充满了全部星际空间的粒子的涡旋状链,它的特殊的力学性质能够长距离传送力。小伯努利(John Bernoulli)1736年由于对光传播的解释图形而获得法国科学院的奖金:基于他的父亲老伯努利的想法,他的模型提出所有的空间皆充满了包含微细涡旋的流体。一个世纪之后,当普通弹性固体显然不能解释光的所有已知特点时,麦卡拉(James McCullagh)为之发明了一种新型的虚构材料,大数学家高斯(Carl Friedrich Gauss)和他的学生黎曼(Geoge Friedrich Riemann)对物理理论添加了有重大意义的动力学模型,并且精细地研究和扩展了一种类似的结构。但是开尔文和麦克斯韦取得了最大的进展,他们为构思电磁场材料而设计了详细的数学和力学的表示。这种无效的尝试一直继续到迈克耳孙和莫雷手上才最后死亡,爱因斯坦相对论为它们举行了葬礼。

在一定意义上,大多数的以太结构照道理应当被认真地接受为一种支持实在的描述,但是也有一些有意义的例子,其模型事实上并不指望被理论接受但起着重要的解释作用。对凝聚态物质的相变的理解就是我们要讨论的问题。在某些特定的温度之下,许多材料的某些性质突然发生变化,最熟悉的例子是水的沸腾和冻结。永磁体被加热后的行为是一个不大熟悉的例子。在称为居里温度[为纪念法国物理学家皮埃尔·居里(Pierre Curie),他是更为著名的玛丽·居里(Marie Curie)的丈夫]的特定温度处,永磁体突然失去磁性。大约在20世纪20年代中期,根据量子力学,铁磁性的来源,原则上被归因于每一个电子的磁性,具有奇数个电子的原子的作用就像微小的永磁体一样。但是对存在特定的相变温度还没有找到解释,在该温度之下,所有处于一个晶状磁畴

（在显微镜下才能看到的一个小区域，但包含极多原子）的原子磁体排列起来形成一个强磁体，而在此温度之上，“长程序”突然消失。物理学家认识到这种现象不易解释，因为作为温度函数的不连续行为只有对一种无限多原子的理想系统才会发生，而大量原子之间的力是复杂的。德国物理学家伊辛（Ernest Ising）不去尝试用实在论理论给出一种解释，而是构造了一种模型，一方面，它具有引起这一现象的全部属性，另一方面，又足够简单地给出一种成功研究它的数学性质的机会。这就是现在著名的铁磁性**伊辛模型**，对基本的原子磁体及其相互作用它使用了一种过分简化的图式，它从未作为实际的固体材料的实在论图景被认真接受，但是其热力学行为引起了具有挑战性的一种数学问题。

伊辛模型是由规则排列的、可以取值为+1或-1的符号组成（我们可以把它们想象为能够指向上或下的、与自旋为1/2的粒子的量子力学行为一致的玩具磁铁）。这些符号只对其最近的邻居符号有相互作用，其作用方式是相互作用力倾向于使邻居符号取相同的值（即使得磁铁指向相同的方向）。热力学的一种有力数学工具被用来确定它是否存在“长程序”（即在大范围的磁铁整齐排列），而如果是的话，是否存在一个温度，高于这个温度，长程序就突然消失。当然，这种排列中最简单的是在一维情形下所有的磁铁按规则间隔位于一条线上。对这种情形，很快就弄清楚了，在其下有长程序、在其上就停止的居里温度并不存在。稍复杂的下一步是一种格子状排列（像玩具磁铁被安置在一个平面棋盘格上）。在多次失败的尝试后，这个二维伊辛模型的数学问题终于被解决了，它的解表明，确实存在一个相变温度来区分长程序和短程序（short-range order）。物理学上最相关的是三维情形，一般认为，即使对这一玩具图式，也是困难到不可能得到解。

在这一点上，对大自然复杂得多的情况做过的表面上十分简单的伊辛模型，是我们所必须对铁磁性相变存在作出的最接近解释，甚至在将来，它也许是最接近解释。基于它的数学上的成功，我们可以说，在某个十分有限的意义下，“我们理解”在高于居里温度时突然退磁，但还是一点也不理解最熟悉的相变现象——水的冻结和沸腾。

像用于铁磁性的这类建模，在理论物理学中并非不寻常。粒子物理学、流体力学和复杂动力学系统中的许多非线性方程非常难求解，理论家们不得不求助于简化模型，没有人把它当作对大自然的真实的或者即使是近似的描述。尽管如此，如果一种数学模型包含了实际理论的本质特性，可以被证明表现了反映观察到的现象的特征，它就至少可以定性地作为认识那些现象的重要工具。毫无疑问，物理学中最成功的理论，是那些能够作出和实验结果符合得十分精确的数值预言的理论，在其他情形，即使是最复杂的数学工具，也只能对观察结果引进一种定性认识，这意味着，在理论物理学中数学的威力远远超出数字的应用。在量子场论和粒子物理学中，理论家经常要去求解有关的方程，或在比描述大自然所需要的维数低的条件下，研究系统的性质，其原因不过是因为实际情况过分困难。因为在三维空间中对量子电动力学进行数学上的严格研究一直十分困难，数学物理学家代之以一维和二维的研究，一方面是作为练习，另一方面可以作为建立信心的工具；类似地，为了对其他的量子场论进行大尺度模拟，人们在格子点上而不在连续的时空中进行。没有人相信这种解以任何方式直接与实验结果相关，不过它们的定性特点仍然作为解释实际事物的有用工具。

对其他学科，建模也十分常见；在生物学中特别是进化论要求这种努力。这些模型通常有争议，不仅是因为它们对现实世界的可应用性没有充分确立，而且因为它们所导出的结论未基于可靠的数学推理。例如，考夫曼(Stuart Kauffman)在《秩序起源》[1]中长篇大论地描述了基于自适应复杂系统(adaptive complex systems)观念的一种生物进化机制模型，在这种系统中秩序从混沌中涌现。不久以前，由这一方案引起的争论公开化了，由伦敦林奈学会组织了一次公开辩论会，辩论双方为考夫曼和他从前的老师史密斯(John Maynard Smith)。此种交流并没有接近于解决争端[2]，这说明要建立远离他们要仿效的学科的数学模型是冒险的。复杂性、混沌和分形以及突变理论等时髦学科，在不久之前风行起来，充满了对现象的可疑解释，其范围从生物进化到股票市场，从相变到宇宙学。不过，在兴奋和夸张平息下来，尘埃落定之后，它们对我们理解事物似乎没有太大的贡献。

使用模型有一点看来十分清楚：它们的发明中存在大量的余地，而且可以有许多不同的模型服务于相似的目的。个别科学家可能会觉得某些模型很舒适，故以各种理由排斥其他模型，那些理由中的一些是基于当代的科学或在他们的文化中流行的课题。我们可以肯定，以太的许多表示全部在实质上是力学的而不是其他，比如生物学的：力学这门学科得到了很好的发展和认识，而生物学则不然。

类比

有时帮助我们理解一种理论的含义的简化方式是**类比**，它是一种强有力的最终甚至可以成功地用计算机程序实现的推理模式[3]。在我讨论的模型的例子中，与实际理论的类比是十分直接的；在其他的情形也许很不直接，但仍然能很好地服务于它的目的。有时类比是从物理学十分不同的部分中的现象之间提出来的，通常是因为，尽管它们表面上不同，但它们却遵从类似的方程。这一方法在教学中和向其他物理学家解释不熟悉的效应时特别有用。在量子力学的早期，那些较熟悉量子力学的人用电磁理论的类比帮助了解较少的科学家以及学生更好地理解，这是十分普遍的。现今，许多人发现，在教研究生时，值得沿着反方向使用类比法，从学生们可能已经熟悉的量子力学现象中提取类比去解释电磁行为。要描述由恒星和星系发出的光的红移，几乎不可避免地总要提到远去的火车汽笛声音调降低。

类比不仅帮助我们理解不熟悉的现象，还可以作为对发明新的理论的想象力和促进新发现强有力的刺激。这就是类比法对那些具有各种科学领域的宽广知识的科学家总是有用的缘故，他们可以根据那些知识对手边的问题作一个类比以求得解决。玻尔卢瑟福的原子模型是由对太阳系的类比形成的，核作为太阳，电子作为行星，虽然这一图式对科学界接受原子模型起的作用并不大，但它极大地推动了该类比的普及，只是它大大忽略了天文学和原子世界的尺度差别和所用的基础物理。杨(Thomas Young)得出他的至关紧要的干涉效应，从而确立了光的波动性质，是由把光和声音作类比得到的，这在他自己看来是完全可信的，但是在他死后，他著作的编辑认为这是“异想天开，毫无根据”。[4]

然而，在有些情形下，类比可能产生误导。在科学中，许多类比曾经是基于海森伯不确定性原理。按照这个原理，一个物理系统中特定的一对可观察量，称为**正则共轭对**(canonically conjugate pairs)，不能同时被无限精确地测量，如果其中之一以很高精度被确定了，另一个就只能被十分粗略地知道。但是这种与“不确定性原理”的对应，往往是对海森伯自己给出的并且一再重复的“解释”所引起的误解，即测量过程本身以不可控方式干扰了被测量系统。这种所谓的解释，可能有启发性的价值，不过其正确性首先就十分值得怀疑(在后面关于爱因斯坦-波多尔斯基-罗森效应的讨论将变得清楚)，并且它已经被粗心地以类比的形式用于其他学科，如经济学和心理学。在这些领域中测量也扰动被测量系统，但是应用海森伯原理是不正确的，尽管它正意味着了解改变了要被了解的东西。这些例子警告人们，在没有充分理解构成类比的现象之前不要在科学中使用类比。

海森伯不确定性原理和他为了使之易于理解而所作的努力，指出了一种惯例：求助于直觉或使用通常的语言去解释新的以数学为基础的概念或预言，这对于那些缺少抽象才能的科学家而言总是难以理解的。这经常是十分有用的，所提供的解释可能看起来是合理的但不总是正确的，而且有时会严重地误导。物理学普及读物中充满了使读者以为他们理解了的伪解释(pseudo-explanations)，而事实上他们已经被好心地欺骗了。

比喻

比喻是一种较模糊的和更具启发性的类比形式，在平常的言谈中，就充满了比喻。在几乎不可能避免的常规用法之外，为了教学法目的，或为了赋予更丰富的、直觉氛围的目的，比喻在物理学中主要用于一种理论创始的探索阶段。这些言谈象征的启发性特征对它们孕育新观念时是有用的，而对精确性的、即使是定性解释的要求却是无用的。一些通常使用的表达方式可能有一种比喻的来源，但随后却在非比喻的意义下使用，物理学家称“软光子”和“软X射线”是和其“硬”的相对照，它的意思并不是软得像枕头或硬得像石头，而是指它们有低的频率和它们的量子具有低能量，或者有高频率并且其量子是十分高能的。基本粒子被分为三族，称之为“红”、“绿”、“蓝”，由此针对它们的理论被称为“量子**色**动力学”(quantum *chromo* dynamics)，即使它和颜色一点关系也没有。这些粒子的一种特性称为“粲数(charm)”，不过它至少对大多数人来说并没有什么特别的吸引力。像这类名称并不真正是想作为比喻，而不过是代表了现代物理学中取代老习惯的一种时尚，也一直在科学的许多其他领域流行，即用希腊语或拉丁语的词根来命名新发现的性质或实体。

比喻形象经常服务于缓和抽象观念的目的。例如,专业术语“散射截面”,它是在波或粒子被阻挡时偏转概率的一种度量。在最简单的情形,这一概率和阻挡物的几何截面成正比,即目标的截面越大,越可能被射中。但是这个术语甚至被用于直觉的几何解释十分不恰当的情形下。另一个例子是被惠勒(John Wheeler),一位编造丰富多彩术语的大师,所命名的广为人知的“黑洞”,甚至在广义相对论中有一个定理说“黑洞没有头发”!所有这些抽象概念的名字都有一个共同点:尽管它们看起来可能像比喻,而它们具有的精确含义和它们的技术用途却和它们的引发的联想无关。所以它们并不是严格的比喻。

在狭义相对论中**时钟**一词的转喻用法代表了物理学中的另一类言谈象征。根据爱因斯坦的原始想法,它把时间的概念同测量它的仪器联系起来。由此,物理学家说“一个运动粒子的时钟变慢了”,虽然没有这种装上计时器的粒子。他们的意思是,关于时间极为抽象的概念,想象一位携带着一只时钟的观察者在粒子边上和它一起运动,就会看到时钟变慢了。

在生物学和心理学这种学科中,解释结构不那么抽象,比喻用得更为普遍。在这些和大多数领域中,这一工具的主要作用通常是试图向非科学家作解释。过分自由地使用言谈象征的一种危险是,它们几乎总是夹带着有意无意的联想含义,即可能歪曲所交流内容的联想。但是更严重的危险,是混淆或取代真正的解释,在这一情形下,会形成对进步的障碍。

由于丰富多彩的比喻语言是有效的教学工具,在化学和生物学中也不免大量出现了拟人化比喻,有时引起了激烈的争论。我最近在一种很长的、多方面交流的电子公告板上看到在化学教室里的传统的参考资料,一个分子**攻击**另一个分子。一些记者强烈地反对这种语言,认为它可能煽动暴力,极力主张将它们在教室里消灭掉。

思想实验

很久以来在哲学家中就有一种传统，其出名是由于他们不愿意去操作实际的仪器以免把手弄脏，而使用**思想实验**作为一种以他们观点的正确性说服对手或信徒的工具。尽管真正的实验起着更大的作用，这一方法在科学中还是被经常十分有效地使用。在建立了一个想象的实验并经过逻辑推理显示后，在听众先前的知识或**先验**假设的基础上，结果必然是，人们能期望得到对一个难解问题的解答，或者得到基本的假设必然错误的结论。让我们来看几个例子。

16世纪荷兰物理学家斯蒂文(Simon Stevin)通过一种巧妙的论证解决了如下的力学难题。假如你把一根均匀的链条悬挂在一个非对称的直立(无摩擦)的楔形体上，如图1所示。它会不会向这边或那边滑动，如果会，往哪一边？斯蒂文想象把楔形体停在空中，在底部把链条连起来使之闭合，如图2，最后解决了这个难题。假如你认为楔形体上的链条会滑动，那么你就必然会推出封闭的链条会永远滑下去；这显然是荒谬的，回答必然是链条不动。他觉得这一证明很妙，就把图2放在他的著作《数学备忘录》的扉页上，他的同辈又把它刻在他的墓碑上以表达敬仰之意。

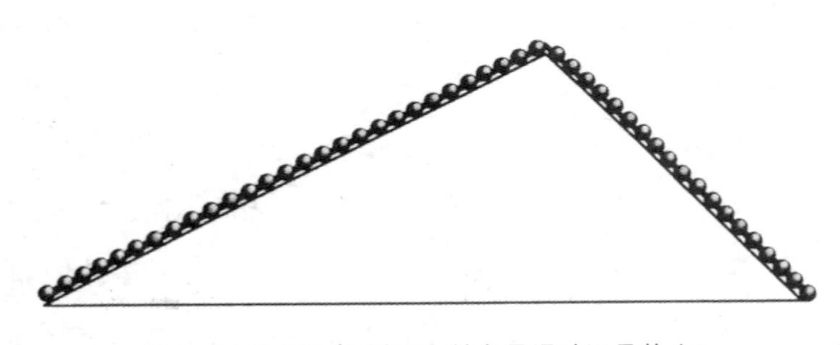

图1　斯蒂文提出的问题：链条是滑动还是静止？

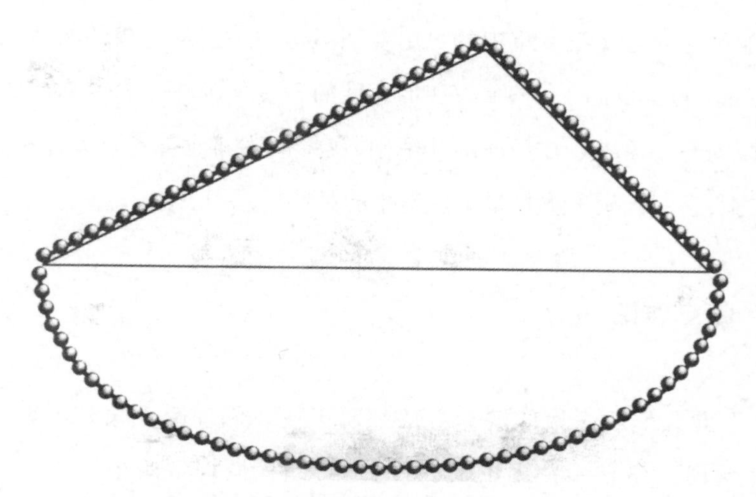

图2 斯蒂文的解:如果链条运动,把链条下面连起来,将永动不已。

伽利略和爱因斯坦都是思想实验的大师,他们经常使用这种方法。伽利略最著名的思想实验是他对亚里士多德关于重物比轻物下落快的驳斥。他想象一块重的石头和一个轻的球,用绳子绑在一起,然后从塔上扔下来。如果球下落得比石头慢,它必然会阻碍石头的正常下落而使它变慢。但是,另一方面,球和石头一起比单独的石头为重,因而应当下落得比石头自己为快。只有在两者以相同的速度下落的条件下,才可能避免这一矛盾。

第三个例子是爱因斯坦的回忆。当他还是一个孩子的时候,他曾幻想跟在一束光线后面奔跑,后来他越来越清楚地认识到,如果想象他自己沿着光线以相同的速度奔跑,他将发现他自己处于物理上不可能的情况下,即看见电磁波是静止的,这将和光所满足的麦克斯韦方程发生矛盾。若干年后,他回想起这种想象并认为它是狭义相对论的萌芽。

爱因斯坦的广义相对论(引力理论),也是基于他的一个思想实验。这里他想象自己处于一个自由下落的电梯里,正在做力学实验,例如在扔球之类。因为电梯中所有的物体都以相同的加速度下落,这样,实验室在机井里垂直下落时,就没有办法确定引力场的存在;那据他所知,他可能就是在没有重力的自由空间里运动。这就是**等效原理**(principle of equivalence)——重力和加速度的不可分辨性(广义相对论的里程碑)——的诞生。在后面的几章中,我将描述其他著名而又有效的思想实验,它们被用来解释量子理论中的某些佯谬。

历史理论

至此我们所讨论的解释方法都属于使我们理解现象和可重复的事件系列。还有一种理论,其目的是帮助我们理解历史流程的。当然,全部的编史学工作在一定意义下是一种理论重构的尝试。这种重构就不单单是列举事实和使我们相信它们的证据,所有优秀的历史文献都比这做得更多,历史教材通常是依据可以自圆其说的心理学和社会学的论点去解释事件的进程。但是当那事件的进程不再是涉及人的相互作用而是涉及大自然中的大尺度发展时,则不依赖于口头或书面权威的适当解释工具才是科学。关于过去事件的科学理论的三个首要例子——宇宙起源说(cosmogony)、地球成因说(geogony)、生物起源说(biogony)[5]——都曾陷入激烈的争论,因为它们与基于权威或个别启示的种种宗教所提供的解释相冲突。

这些领域区别于一般的编史工作并且可能被合理地视为科学的一部分,不仅是因为它们运用科学工具作为证据,而且还因为它隐含着一种假设,即如果历史事件和它们所提供的解释正确的话,那么所叙述的事件进程将会以或多或少平行的方式在别处重现。这也许对于所有其他优秀的解释编史工作都是一种说不出口的假设,不过在这里,它的意思要强烈得多。可能我们还没有过分地关心另一个假想宇宙的可能发展的方式,或者另一个与地球条件相似的行星。但是如果它自身出现了生命,我们对生物进化进程的认识,就会强烈地影响我们关于宇宙中别处的生物可能是什么样子，以及它们可能到达什么进化阶段的观念。我们不能合理地推出结论说地外生命和我们一样是以碳为基础的，或者已经产生了**智人**的复制品，在这方面，科幻作家的想象力当然可以畅游，而我们对其他行星上出现生命概率的估计是以生物起源说可以应用于其他环境为基础的。很少有历史学家可能从对法国大革命的充分理解去冒险得出类似的结论。

我们对粒子物理学和天体物理学的掌握使我们对宇宙学有更好的认识，如果宇宙果然有开端，这种认识还被用于刻画宇宙从一开始的发展进程。有若干年，一些宇宙学家最喜爱的理论是一种“稳态”理论，而其他人则支持振荡宇宙的理论，这两种理论都没有起始时间。不过现在的证据倾向于支持“大爆炸理论”。我们对基本粒子(物质的根本构成)的物理学的了解使我们对我们发现的具有当前状态宇宙给出了详细的解释，包括化学元素的形成和它们可被观察到的在恒星中的相对丰度。在这些解释中，宇宙开始于一种十分致密、炽热、混乱的初始状态，就是温伯格的名著《最初三分钟》中所描述的。根据目前的理论我们还不明白的唯一部分，是在最早开始的极短的一瞬间。对于在大爆炸“之前”以及怎样导致它的最初状态，物理学界保持沉默。不过，一些物理学家对“以前”进行详尽的推测，如果宇宙的起源是数学意义上的一种**奇点**(singularity)的话，对那个问题就不可能有科学的回答。(如果不是这样，我们就真正同振荡理论打交道，或者它可能被称为“进化枝的”稳态理论，而不称为**大爆炸**。)

值得注意的是，物理学家对系统发展的解释模式最终总是在数学上基于微分方程，要求给定系统的初始条件。这种微分方程包含了基础定律，因而包含了解释的本质，而初始条件是偶然的、尚待解释的。因此，物理学并不试图解释宇宙的现在状态，它仅要求能够去预言宇宙的过去、现在和将来的全过程，**只要我们了解在“大爆炸”时刻它的初始**

状态。[6]

因为宇宙起源的解释工具是天体物理学和宇宙学,它们会遇到在这些学科中困扰我们知识的所有疑问和不确定性。我们在下一章将看到,在物理学的这些领域中,我们的知识结构由事实与理论的混合物组成的,比起其他领域仍然不够坚实。因此,虽然在过去50年来,我们对宇宙的历史发展的认识,已经取得可观的进步,但我们还远不能担保今后这一认识不会发生剧烈变化。

就像我们关于地球地质学史的知识,虽然它是基于已经了解了一个多世纪的更为通俗的物理学,我们对地质学史的知识事实上仍然发生了两次剧烈变化,一次是在19世纪,另一次是不久之前。达尔文进化的冰川般缓慢步子要求的地球年龄远大于19世纪初被普遍接受的数值,也远大于《圣经》所指出的地球年龄:生命要发展到现今所达到的阶段,至少需要数十亿年的时间跨度。但是按照热力学第二定律的发现者之一开尔文勋爵的计算,如果地球有几十亿年的年龄,应当比现在要冷得多,因为通过辐射散发到太空的热应该已经使地球冷却到了很低的温度。他根据现在的温度,推算出地球的年龄不会超过1亿年。亥姆霍兹认为地球的热量来自太阳,又假定太阳的燃料是通过引力收缩供给的,注定很早就会耗尽,这样他计算得出的地球年龄更为年轻。就这些计算而论,它们都是正确的,但随后发现的两个物理事实使它们成为不相关的了:地球中放射性元素的衰变产生足够的热量以保持地球温暖,以及现在知道太阳的主要能源是热核而非引力。这样一来地球的热量消耗就慢多了。

魏格纳(Alfred Wegener)关于大陆漂移的革命性学说,认为最开始地球各大陆是一整块陆地,尔后分成几块,各自漂移到它们现在的位置,这对我们认识地球成因带来第二次剧烈变化。这种新学说遭到地质学家的强烈反对达半个世纪之久,主要是因为魏格纳关于这些巨大陆地移动机制的想象是站不住脚的而且是混乱的。直到20世纪60年代,威尔逊(J. T. Wilson)等人建立了板块构造概念,根据这种概念,地球的外层由很多厚板块组成,它们被下面的地幔流推动而不断运动,魏格纳关于大陆起源的观念才最终被接受。一种错误的理论被抛弃和一种有竞争性的理论被接受,有时需要很长时间,关于这一点,板块构造学史可以作为一个警世寓言。

这三种发展理论中最著名的当然是达尔文进化论,它解释了大量生物物种的起源是动物种群借助于小的无规变化对环境适应的结果,只有那些最适合经受激烈的性竞争和营养竞争的,才允许活下来并把它们的特征传给后代。物种在历史的进程中发生变化,这种观念在达尔文之前就已经有人提出,不过受到激烈反对,因为它和《圣经》矛盾。达尔文的进化观念是革命性的。与以前认为物种变化是引起进步和完美的概念不同,它没有明确的目标。这种无目的性增加了从科学外部和内部对其思想的敌意。尽管达尔文为他提出的变化存在的观点收集了大量佐证,但他并没有在生物学上提出比自然选择概念和"适者生存"更为深刻的机制。遗传定律及其基因解释和生物化学解释,毕竟还在未来。现在,虽然在细节上仍有学术争议,但这种机制已经在分子水平上得到了充分认识。而且现在关于物种迫于环境压力(包括新物种在现今形成)而不断变化的证据,也在不断积累之中。当达尔文提出他的进化论甚至应当适用于人类时,他受到相信《圣经》上关于人类起源解释的人们愤怒的围攻,至今依然。

进化论的反对者经常争辩说,无论如何,那"只不过是一种理论"。尽管这是正确的,以科学家的观点来看也无伤大雅——在某种意义上,即便是地球绕着太阳运动,也"只不过是一种理论"——但它对原教旨主义者仍有深远的意义,因为《圣经》的解释具有科学永远不能提供的经文的权威性和确定性。这就是科学和宗教之间的分歧点。由于本书主要是涉及物理科学而不是生物学，我就不再追踪对于达尔文进化论的攻击及关于证明它的大量证据的问题了，正像宇宙起源说和地球成因说依赖于物理学、宇宙学和地质学提供的所有工具一样，生物起源说也必然依赖于生物学之所知。所有这三种历史理论的本质，都是以科学的手段处理证据，并对事件进程进行重构。

人存原理

人存原理(anthropic principle)[7] 的确是不寻常的解释工具，它是由一些有名望的物理学家提出的，不过被其他人认为是不科学的(unscientific)，它是用来处理粒子物理学和宇宙学中最基本的常量的复杂问题的。

如上所述，基本粒子物理学至今(也可能永远)不能解释大自然无数基本常量的数值，例如电子的电荷、强核力和弱核力作用的强度、重力的强度、基本粒子的质量、决定宇宙和它的组分的性质的数值。例如，如果强核力再弱一点，则除了最轻的核以外将不会形成稳定的核，除了氢以外的元素都不会存在。

在宇宙学中，引力常量起着一种特别的作用，因为如果引力强度是别样的，将不会有恒星和星系。引力常量的数值决定了宇宙中物体的"逃逸速度"，即为了克服拉住物体的总重力所需要的速度。现在，如果大爆炸所形成的物体的退行速度大于逃逸速度，星系之类的星团将不会发展，除非物质分布一开始就极为不均匀。这种不均匀性，就会造成大尺度的强各向异性，即沿不同方向测量时物理性质不同，在现在的宇宙中，这和我们的观测相矛盾。[1965年，由彭齐亚斯(A. A. Penzias)和威尔逊(R. A. Wilson)发现了无处不在的长波长辐射(long-wavelength radiation)，阿尔法(R. Alpher)和赫尔曼(R. Herman)曾经预言到了它是大爆炸时期充满宇宙的热辐射的冷却残余物,人们发现它在所有的方向上都显著地是常量,即各向同性。]另一方面,如果初始的退行速度小于逃逸速度,宇宙在它变为或多或少各向同性之前就会回落坍聚。因而,大爆炸发出的物质的初始速度和万有引力常量所确定的逃逸速度之间有一种精致平衡,只有在这样的条件下,大体上各向同性并且包含恒星和星系的宇宙才是可能的。

进而,如果没有恒星,或者恒星上只有氢组成的物质,生命就不可能存在;这样,生命和智慧的存在皆依赖于强核力和引力常量的特定值。人存原理做出了不寻常的主张:因为现在是这样的,所以智慧生命的存在**解释**了这些常量的特定数值。物理学家柯林斯(C. B. Collins)和霍金(S. W. Hawking)作结论说:"既然看来星系的存在是智慧生命发展所必需的条件,对'为什么宇宙是各向同性的'这一问题的回答就是'因为我们在这儿'。"[8]对这一有点奇怪的推理,显然需要一些解释;对其逻辑存在各种解释,每一种都有它的支持者。

人存原理的第一种表述是把它解释为一种**目的**:人类的存在构成宇宙的目的;决定各种基本力的强度的常量值,是由人类能够存在来给出的。这种看法本质上是宗教的,许多物理学家都不予接受,不过在非科学家中却有一些追随者。[9]第二种表述断定,如果没有智慧的观察者,宇宙就不会存在。事实上,它是贝克莱主教(Bishop Berkeley)的唯心主义的重述,在一些把量子力学作唯心主义解释的物理学家当中有支持者(参见第九、第十章)。第三种表述,是基于一种称为"多世界诠释"的量子力学的奇怪解释,认为存在有无穷多种不同的宇宙,所有的宇宙都具有不同的基本常量值,但其中只有一个对人类是友好的。因而不是巧合,所有这三种人存原理都意味着,我们发现自己处在一个其常量值要求我们存在的世界里。

人存原理的一种弱形式断言,基本物理常量的值受到限制,故可以用"要求存在以碳为基础的生命能够进化并要求宇宙有足够的年龄以使其能够发展到今天"来解释。[10] 这一表述虽然不那么有力,但它和强形式受到同样的批判。

所有这些解释和把人存原理作为解释工具来使用,在包括我在内的许多科学家中已经引起了敌意[11]。人存原理的目的论版本是既不能证实也不能证伪的,因而不能作为解释任何事物的科学模式被接受;其他的版本尽其最大努力可以是我们所说的一种解释,它们不是用宇宙的结构来解释智慧生命的可能发展,而是打算用我们的存在来解释这种结构。通过人类的存在,有人能解释使哺乳动物的进一步发展成为可能的恐龙灭绝么? 这种论据与著名的上帝存在的本体论证明相类似:上帝的存在是由"完美"的"存在"的性质得出的。用我们的出现解释宇宙的性质,而不是用其他的方式,人存原理在以存在的可靠概念玩类似的游戏:因为我们不能怀疑的一件事情是我们自己的存在,所以我们把它当作所有解释的根本来源。如果采用人存原理使他们满足,我们就不能否认它满足了宗教的方式的目的,但它不能被当作科学;和戴森(Freeman Dyson)相一致,我倾向于称它为元科学(metascience),并且就让它那样好了。但一些严肃的科学家愿意用这个事实表明,甚至对是什么构成科学解释这样的问题,也还没有一种为所有科学家都赞同的简单、确定的答案。

有一种不受类似批判的人存原理的版本:它是基于以狄拉克为其最杰出建议者的一种观念,即所有自然界的基本常量都和宇宙的大小有关,所以在时间进程中是变化的。如果是这样,智慧生命只有当这些常量达到适于它产生的取值范围时才会出现,我们自然发现自己是处在那种阶段。在这种形式下,人存原理具有科学的意义而且服从于验证,不过它不具有与其他形式相同的解释目的。现在我们需要解释的是自然界常量和宇宙大小之间所声称的联系。不过,还没有证据表明在长时间内基本常量的大小发生了变化。事实(将在第五章作进一步的讨论)是,恒星和星系在几亿或几十亿年前发出光的光谱,在扣除了红移之后,对相同的元素是一样的,这是常量大小没有变化的有力证据,因为谱线之间的精细间距由电子的质量和电荷严格决定。因此我们必然得出结论,人存原理以其在科学上有意义的形式同现有的证据相矛盾。

注释:

1. Kauffman, *The Origins of Order: Self-Organization and Selection in Evolution.*
2. Nature, 373 (1995), p. 555.
3. Holyoak and Thagard, *Mental Leaps.*
4. Holton, *Einstein, History, and Other Passions*, pp. 94–95.
5. 这个词似乎不存在,但它应当存在:它指的是生命的生物学历史。
6. 然而,最近有些宇宙学家提出,宇宙的初始状态(如果它确是奇点)亦不存在什么选择。
7. Carter, "Large number coincidences and the anthropic principle in cosmology"; Barrow and Tipler, *The Anthropic Cosmological Principle*; Gale, "The anthropic principle."
8. Collins and Hawking, " Why is the universe isotropic?"
9. Corey, *God and the New Cosmology.*
10. Barrow and Tipler, *The Anthropic Cosmological Principle*, p. 16.
11. 例如,见Gardner,"WAP, SAP, PAPA, and FAP"。

第五章

事实的作用

在许多人头脑中,**科学**这个词唤起更多的事实和更精确陈述的想象,并且收集这些事实被认为是绝对可靠和无懈可击的科学的基础。建立在这一事实基础上的定律和理论组成了知识框架来解释和认识大自然的运行,或征服大自然。在理论之外,在未完成的多层建筑物的高层上,有着推测,其中的居民们沉湎于掌握新的和更宏大的理论,以期获得更深入的认识。

当然,这一图景不过是一种漫画式的描述。实证主义者们相信他们可以通过以事实最朴素的陈述作为基础来避免在沙滩上建造科学之屋,可能除了个人感官印象或测量仪器的读数外什么都不承认:他们可能按照包豪斯风格来设计建筑,朴素而不加装饰像座方尖塔。但是,这一理念却被周围遍布的白蚁窝和腐蚀性的空气这样的现实所破坏。科学的结构并非如此简单。

个别事实和普遍事实

有事实,故有事实。其中一些,我称之为**个别事实**——“这块石头的准确重量为10.756磅”或者“1994年6月25日下午3:45,我看到仪器上的指针位于27.33和27.34之间。”另一些我称之为**普遍事实**,“电子的磁矩介于1.001 15和1.001 21玻尔磁子之间”,或者“在开氏温标2.2开液氦发生相变到液氦Ⅱ”。一般说来,个别事实通常对科学没有什么益处。正如庞加莱指出的:

> 卡莱尔(Carlyle)在某地曾说过像这样的话:“没有什么比事实更为重要的了。拉克兰德(John Lackland)经过这里了。这里有一些值得赞美的东西。这是一种实在,为了它我愿意献出世界上所有的理论。”……那是历史学家的语言。物理学家宁愿说:“拉克兰德经过这里了;这与我无关,因为他再也不会经过这条路了。”[1]

在绝大部分情况下,科学仅对我所称的普遍事实感兴趣,也就是可重复的和可再现的事实:这些形成了理论和定律的试金石。当然,为了建立普遍事实,我们必须依靠许多个别事实。测量必须被重复,测量的每一个结果构成一个特定事实,而这些从其自身的角度看,是并不被当作有科学价值的个别发生的事实。1887年7月,迈克耳孙和莫雷在克利夫兰的凯斯应用科学学校(后改名为凯斯技术学院,现在是凯斯西部保留地大学)完成了他们的著名实验,这一实验他们花了5天时间,他们没有找到以太风,这些是有历史价值的单一事实,但是它对科学来说,其意义是可重复性,并且经过重复实验建立了一种普遍事实,即没有以太漂移。

不过,也有**一些**个别事实具有科学价值,是在那些具有历史特点的领域,宇宙起源说、地球成因说、生物进化,以及关于确立宇宙构成的领域如天文学、天体物理学、宇宙学。在前三个学科中,科学家们确实对类似“拉克兰德经过这里了”的陈述有兴趣,因为他们的主要注意点正是宇宙、地球和生命怎样发展。宇宙学家们的处境和探险家们寻求新的地域相似，但因为他们不能亲临其境，就不得不使用间接方法，利用普遍事实和科学理论来作他们的参考。

基于我们对宇宙组成的认识，所有可见的恒星都由和地球一样的材料构成，这是宇宙学的个别事实，但是我们依赖于普遍事实，这种普遍事实是我们关于它的知识主体。由每一种元素的原子发出的光具有十分特别的颜色，把它分解为不同成分的频率并记录在照相胶卷上，会显示出像指纹一样唯一关联于那种元素的许多**谱线**。即使只有极少量的某种元素存在，这一光谱也使我们能分辨出发出那种光的元素，"光谱分析"在化学中已成为重要的实用工具。当用光谱法分析来自遥远的星球到达我们的光线时，我们发现所有的谱都能与我们所知的地球上相同的化学元素相联系[2]。

科学家对个别事实缺乏兴趣的结果是很少讨论它们。前面提到过，热力学第二定律宣称一定的物理过程是不可逆的。如果在一间热房间和一间冷房间之间的门被打开了，两个房间必然在一个共同的中间温度达到平衡，这时两个房间的空气的熵增加了。其后，更基本的统计力学的建立，这种熵增加成为极其可能的，而不再是确定性的了。现在假如有人发现了一种奇怪的现象：他打开了热冷房间之间的门，令他吃惊的是他发现热房间更热，冷房间更冷了。这完全符合物理定律，但它发生的概率太小了，乃至从宇宙开始至今连一次也不会发生。因为这一现象不可能重复，它具有个别事实的状况，没有什么科学意义，因而对物理学没有价值。这样，我们可以得出结论说，即使在控制一种现象的定律和只给极小概率的定律之间出现了很大的哲学差别，不仅不会有实际的不同，有时也没有科学上的区别。

不过，说某事**不可能**发生，和说它发生的概率极小之间的区别的确变得重要起来了，当机会重复很多次，就可能发生。以生命起源为例，假设1年中在像地球一样的行星的早期发展阶段，有机分子汤中偶然事件形成RNA的概率是$1/10^{16}$,而且估计在宇宙中有10亿个这样的行星,那么事实上至少有1个行星在10亿年内碰巧会有形成RNA的可能,我们把它称作地球。从这个例子可以看出,极小概率事件的发生并不总是像个别事件那样没有科学价值。

事实概括为经验定律

科学家们经常把许多类似的和看上去相关的事实组合成经验定律。例如,把电压加到电路上,就会产生电流,当电压加倍时,电流也加倍。进一步的实验得到了欧姆(Ohm)定律,即导体上的电流等于所加的电压除以电阻。第一章中提到的玻意耳定律[实际上是汤利(Richard Townley)根据玻意耳发表的数据得到的][3],是物理学中的又一个例子。这种定律的特点是处于普遍事实和理论的交界上;它们是纯粹由经验得到的表达事实之间**关系**的局部定律。如同欧姆定律,它们并不总是成立,但对很多应用都有实际意义。

在其他学科中,经验定律也极为常见。生理学中有一种全或无定律(all-or-nothing law),把刺激与像心肌一类可兴奋组织的反应相联系:低于某个阈值,刺激不产生反应;但只要高于它,反应就最大化。心理学中的费希纳(Fechner)定律涉及刺激中刚能注意到差别的感知能力。在经济学中有回报递减定律。

经验定律是科学家发现普遍事实群之间关系的最简单的尝试,而且,要想理解这些定律,它们总需要随后有一个普遍理论来解释。我们看到,对欧姆定律的情形,在它被最初提出之后很久,才有金属中电子运动的解释。解释玻意耳定律的普遍理论是统计力学,它支配着组成气体的大量分子的宏观行为。但应当注意,大部分其他学科还没有达到这一阶段,即可以根据普遍理论来解释它们的局部经验定律。

确立事实

在此之前我曾经提到过，存在相对年轻的科学领域，它们主要是基于事实的确立和分类，涉及更多的是分类学而不是解释。直至半个世纪前，生物学一直处于这种早期的阶段上，并且在这种阶段度过了很长的时间。对属、种和不同生物的分类是在尚不能解释任何事物时的一种活动，至少从现在我们使用的这一术语的意义上来说[4]，它处于收集事实和理论化的中间的地位。大约50年前，一场激烈的争论结束了分类学的霸权地位，生物学开始了下一阶段，朝着现代意义上的解释性方向迈进。

使一种事实比另一种事实更有价值在于它对某些解释图式的关系：或者符合并且证明了一个理论，或者与之相反导致一个“反常事物”。如果它不是，也没有希望是，它就只是一种“事实”而很快被忘掉。有时一种事实可能就是一个难题，它可能具有有价值的“味道”，但还不能被马上放到理论中或用于反对一种理论。寻求和确立一种能置于理论框架中的重要的新事实，就成为一个**发现**。在某些例子中，如贝克勒耳(Henri Becquerel)发现放射性和弗莱明(Alexander Fleming)发现青霉素的杀菌作用，都是偶然的发现。(注意我们给予这些发现的特别的名誉，底片的云斑和霉菌生长的反常行为使之被置于一种解释方案中。)但这是罕见的，在科学中有些意外发现的重要性有时被夸大了；更为经常的是，发现事实——为作出发现设计一种成功的仪器并使科学界承认它的有效性——需要足智多谋和齐心协力。(科学社会学家通常对说服其他人的活动比对发现本身更感兴趣，而教科书中则倾向于忽视它。)让我们来考察一个巧妙的重要实验，它可能会有启发性的。

现在我们知道所有电子都带有等量的特定电荷，在现今的每一本物理教科书中都列出了它的数值是4.80×10^{-10}静电单位。这一基本事实是密立根(Robert Andrews Millikan)在他著名的油滴实验(图3)中建立的,实验进行了好多年并于1913年发表,这个实验驳斥了另一位激烈反对的、相信自己的实验证明了相反结论的物理学家。密立根的实验方法是让微小的带电油滴落入两块水平的带电金属平板之间,在平板之间的电场有一个向上的力作用于油滴之上,当调整电场使油滴所受的静电力和重力平衡,油滴就会悬浮于空中。已知维持这一平衡所需的电场强度,密立根就可以算出每个油滴所带的电荷。这一困难的平衡作用使他得到结论,油滴所带的电荷总是一个小的基本单位的整数倍,这一基本单位的数值就是我们现在所知大自然最基本的常量之一[5]。如今大多数学物理的学生,都要求重复这一需要极其勤奋和耐心的实验,并把它作为一个挫折练习铭记在心。密立根的对手(一位比较出名的人)的努力,现在已经被淡忘了。不过即使是最有名的科学家,有时也会搞错,以为他们作出了发现,下面的例子将说明这种情形。

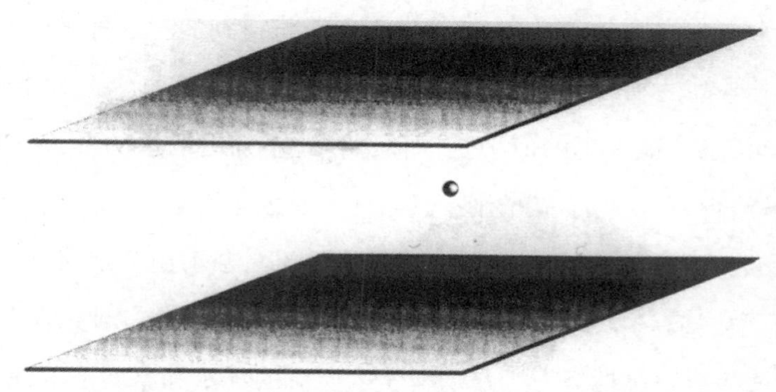

图3　表示密立根的带电油滴悬浮在两块带电板之间的草图。

伪事实

1903年,在阴极射线、X射线、贝克勒耳射线(放射性)发现之后不久,事实上,当诸多射线在科学界风行时,著名的法国物理学家布隆德洛宣称发现了一种新的辐射，为了纪念他的家乡城市南锡(Nancy)，他把它命名为"N射线"[6]。在数年中，关于这一发现，在最著名的科学杂志上发表了100多位科学家的300多篇文章进行讨论。即使是这样，还有其他许多物理学家致力于重复布隆德洛的实验(因为布隆德洛宣称他们缺乏所需要的技术)，有超过40位法国物理学家声称他们能够检测到由许多不同种类物质(包括人的神经系统)发出的这种射线。在布隆德洛的仪器上，N射线被一个铝制棱镜折射并通过设在它前面的屏幕上的暗淡的点来观察。但是这一发现却被来访的美国物理学家伍德(Robert W. Wood)证明消失了，在演示时，他暗中移走了铝棱镜，期望N射线能直接照到屏幕上，但布隆德洛不知道棱镜被移开，一直在察看所断言的效应的出现。显然，布隆德洛认为是新射线的现象是由别的因素所引起的，他也像他的许多跟随者一样是错觉的牺牲品。

聚合水的伪发现是另一个宣扬得沸沸扬扬的例子[7]。大约在35年前，俄罗斯化学家杰尔扎古因(Boris Derjaguin)宣布他发现了一种新的、反常的水，是在细玻璃毛细管中冷凝蒸汽得到的。这种水的光谱特殊，有异常高的黏度，比普通水重40%，在-34摄氏度时不结冰而成为一种玻璃状态。他发现的似乎是一种迄今还不知道的水的形式，但只能极少量地得到。他的宣布引起了全世界的大量研究，延续了近10年，发表了数百篇论文，甚至对这一所谓的新的聚合水还仔细建立了一种分子模型。最后发现，这种革命性的物质只不过是被各种杂质污染了的水，这些杂质包括努力工作的科学家所流的汗水和胳膊上的油脂，反常性质的原因就是这些杂质。这一段情节表明普遍事实要求其他人科学地进行检验的重要性。当不能重复时，所声称的"事实"便消失了。

在第二章中所简要提到的引力波的"发现"，是我们的第三个例子。牛顿和爱因斯坦引力论的显著区别是广义相对论对引力辐射的预言。赫兹(Heinrich Hertz)的电磁波的发现，有助于证实指出电磁波存在的麦克斯韦的理论；现在，对引力波的检测也将成为对爱因斯坦理论的辉煌确证。正像电磁辐射是由被加速的电荷发出的，引力辐射也应当由运动物体所发出，任何被这种迅速变化的引力击中的大块物体都会发生相应的振动。问题难就难在，不仅所预言的这种辐射极其微弱，这使得振荡检测十分困难，而且振荡不容易与其他随机扰动所产生的振荡区分。由实验者控制的一块地面对象所发出的微弱的引力波流是不可能测量到的；只有迅速运动的巨大质量的天体，如超新星或黑洞，才能产生足够强的辐射，被最灵敏的天线检测到。由于被公认的波的来源不为观察者所控制，即不能随意开和关，任何可靠的观察都必须仔细同检测器对其他因素的反应区别开来。

在1969年，马里兰大学的物理学家韦伯着手于这一艰巨的工作，他建造了一座由大铝合金柱组成的重达一吨的天线。这个柱子用一根细丝悬挂并被置入一个真空的、尽可能隔离得不受外来干扰的房间里，它内部的振动通过超敏晶体测量，经放大后由一支笔在画图纸上记录。尽管天线的重量很大，因为其中原子的天然热振荡也会产生能为这一灵敏仪器记录的足够强的振动，任何重要的引力波信号都会从振动图上连续存在的背景“噪声”中分离出来。经过长时间的观测，韦伯宣称他发现每天都有若干个大的信号明显突出于随机的背景上。在随后的若干年内，他又进行了改进，如在960千米外安置第二座类似的天线，它的输出在瞬间与第一座天线的输出相关，可以肯定宽的引力波在到达地球时，可以被两者同时记录。他观察到的信号甚至出现了24小时的周期性，说明辐射来自一个外部空间特定的方向。他终于发现了爱因斯坦所预言的东西，至少看起来像。

韦伯发现的问题在于，他用以说明引力波强度的信号已经远远大于天空中任何已知的信号源。另外，在1972年前后，有若干其他实验室开始建立他们自己的更为灵敏的引力波检测器，没有一家看到这样大的信号。进而,围绕韦伯用以从普遍存在的噪声中提取出信号和在他的两座天线的图上峰间关联的统计分析还有争议。经过了一些年的讨论,得到了一致的结论,韦伯所看到的八成是统计假象而不是事实[8]。对于爱因斯坦所预言的来自可能的已知天体物理源的微弱的引力波来说,即使是对已建造的最为灵敏的天线,它们仍然低于可观测性的阈限。迄今为止,人们只进行了间接检测,即通过由于引力波辐射丢失的能量使双星逐渐增加的旋转率来测量。

最近,一个被大力宣传为具有极大的潜在工业重要性的"发现",变成了令人尴尬的一场空。1989年,两位著名的物理化学家,美国人庞斯(S. Pons)和英国人弗莱希曼(M. Fleischmann)在犹他大学的一次新闻发布会上宣布说,他们在带有钯阴极和重水(D_2O)电解液的电解电池中发现了氘核的**冷聚变**(cold fusion)。他们断言的基础是,观察到的总热量比起任何已知的化学反应可以解释的热量要多得多,所以把这种热解释为核聚变的证据。通常认为,为了提供足够的能量以克服带正电荷的氘核之间的斥力达到聚变,要求极高的温度,他们的结论是无需这种高温就可以达到。这正是一些物理学家使用耗费极大的巨型设备所想去完成的事,而现在看来两位化学家在实验台上用两只小烧瓶就完成了。但是,当在全世界范围的实验室内,其他人试图去重复他们的实验时,除少数人声称证实了这一发现外,几乎没有人成功。就该过程的核性质(而非化学性质)来说,所声称的证据,也就是过程要伴随有中子和γ射线的检测,在这些实验中总是模糊的,因而不能认为被验证了。尽管所声称的效应是十分可疑的,物理学家们一开始都很谨慎,并且很快就否定了它,但在另一方面,许多化学家则欢呼这一发现,欢迎他们可用很便宜、而物理学家则需要多年用无穷的花费完成的事。不久,喧闹逐渐平息下去了,再也没有证据说明庞斯和弗莱希曼所看见的决不是正常的化学过程。它所产生的热,也无任何工业价值。这一"发现"

蒸发了[9]。然后，让我们转而考察更为牢靠的事实。

渗透着理论的事实

作为科学定律基础的事实几乎从来没有在纯粹孤立的情况下建立起来的。而且，它们总以这样那样的方式依靠这些定律：它们是相互纠缠在一起的。科学哲学家经常注意到，许多所谓的事实都是"渗透着理论的"事实，意思是说，它们的呈现方式乃至它们的真正含义，都依赖于理论解释。例子不胜枚举。

前面描述过的确定电子的电荷，乃基于许多理论的应用。密立根借助于已知的静电定律计算金属板之间的静电力。为了确定每个油滴的重量，他需要知道油滴的大小，他是通过关闭电场并测量油滴在空气中下落的恒定末速度得到的。末速度依赖于球状液滴的直径，从而服从已知的重力和空气阻力的定律。和其他许多情形一样，检测一种实验事实，要利用其他理论和其他事实的解释。

这里是一些基本科学事实的进一步的事例：光以有限的速度即3.00×10^{10}厘米/秒传播；原子几乎所有的质量都集中于它的中心，原子的直径是原子核直径的10^4倍；在过去50年中发现的许多基本粒子都是不稳定的，它们的已知质量和半衰期是大自然的基本事实；到仙女座星系的距离大约是200万光年；宇宙的年龄大约是150亿年。我们是怎样获得这些信息的呢？

1679年，丹麦天文学家罗默（Ole Christensen Römer）第一个对光速进行了确定，那时人们都以为光速是无穷大[10]，但光速现在却被认为是大自然的最基本的常量之一。他的论断乃建立在观察的基础之上，木星的卫星木卫一连续两次蚀的时间间隔最多是10分钟，并且取决于木星和地球在它们绕太阳轨道上的位置。他推断这些变化的原因是，当地球远离木星时，光需要更长的时间才能到达。从当时已知的支配木星和地球轨道运动的定律，他估算出的光速和现今知道的值之间误差不超过25%。

1911年，卢瑟福发现原子在它的中心有一个很小的核，几乎它的所有质量和正电荷都集中在那里。这一结论也建立在实验观察的基础之上，他把一束α粒子（二次电离的氦原子，因而是带正电的）对准一张薄金箔，结果发现相当数量的粒子被反弹了回来。如果采用当时公认的汤姆孙（J. J. Thomson）的模型，即原子或多或少像一个均匀带正电的球，比它轻得多的带负电的电子像布丁中的葡萄干一样嵌于其中，则他观察的结果与电动力学所预言的会极不一致。这样的原子不应当反弹α粒子。另一方面，如果原子所有的电荷和大部分质量都集中在一个直径不大于10^{-12}厘米（即大小只有原子的万分之一）的极小区域内，卢瑟福就能很好地解释观测结果。因此，这一推断乃相当细致地基于牛顿运动定律和电动力学定律之上。

带点讽刺性的事实是，目前已知这些定律都不适于原子系统，被卢瑟福观察到的散射的正确计算必须基于量子力学，而在1911年量子力学还没有发现。不过，由于惊人的巧合，用经典力学方法和用量子力学方法算出的所谓卢瑟福散射碰巧相同。如果没有这种好运气，原子核的发现也许还要等上若干年。

根据什么我们知道τ介子的半衰期是4.6×10^{-13}秒呢？这种不稳定粒子的寿命是根据它的速度和留在检测装置上痕迹长度的知识推知的，这类装置可以是气泡室或火花室，而粒子的痕迹表示它从产生到衰变为其他粒子的过程。但是，测得的轨迹长度与速度之比远大于4.6×10^{-13}秒。为了达到如此短的寿命，必须考虑相对论，因为经高能碰撞而产生的这些粒子，在检测室中的速度几乎和光速一样快。根据相对论，运动系统上的时钟（比喻说法）看起来走得慢，这样，τ介子的半衰期就像是拉长了，在静止的云室里比它在和它一起运动的实验室里的要长。因此在测量一种高度不稳定的粒子的基本性质时要依赖于相对论。在其他例子中，粒子的寿命短得没有可见的痕迹，半衰期的测定就更为间接。

现在，让我们考察一下确定遥远的星系或恒星距离的方法。受德西特(Willem de Sitter)对表示遥远的星系随距离的增加退行速度变大的爱因斯坦方程的解的启发，还受斯里弗(Vesto M. Slipher)关于旋涡星云研究的启发，哈勃在1929年作出了重要发现，即宇宙实际上在膨胀，星系的退行速度与它到我们的距离之比有一个恒定的比值。换句话说，星系对我们退行速度与其距离成正比[11]；这一比值或普适比例常量，现在被称为哈勃常量。这个定律不仅对宇宙的结构与发展有深刻的意义，而且一旦从一组星系测出它的数值，我们就能通过测出其他任何一个星系的退行速度知道它离我们的距离。

另一方面，星系离开我们退行的速度可以由它的红移很容易确定，即它的原子发出的光的谱线在地球上观察全部向光谱的红端移动。这种红移现象被解释为多普勒效应，它类似于经过我们身边远去的一列火车汽笛的音调突然下降。音调的下降正比于远去的速度，因此，如果多普勒效应是红移的原因，由所有在光谱上的谱线的移动数值，可以很容易地推出远去星系的速度。

但是哈勃必须直接寻求一个星系的距离，这是更为复杂的。首先要注意的是，天文距离通常用光年表示，它是光在一年中所走过的距离，即9.45×10^{12}千米。不过，从光年到千米的换算的可靠性和狭义相对论有关，根据狭义相对论，光速是常量，与观察者的速度无关。

直接测量天文距离，实际上就是把天体的视亮度和它的固有光度作对比；光强的平方反比律使我们可以利用这一对比来推知距离。但是我们怎能知道恒星自身有多亮呢？哈勃自己使用的传统方法是利用某些以造父变星闻名的脉动恒星的特殊性质。根据一个公认的定律，造父变星的脉动周期与它的内在亮度严格相关，这样根据它们的周期变化我们就能算出其光度，从而得到视亮度，也就可以推算出它的距离。如果一个星系包含[12]有这样一个造父变星，我们就可以知道它的距离。(在星系际距离的数量级中，星系几乎可以被看作是一个点。)

按照这一步骤所剩下的问题是，造父变星不十分亮，因此如果它出现在遥远的星系中，就不能被看见和识别，所以这种星系的距离也就不能用这种方法来确定。不过，还有另外一种示距天体可以用于更为遥远的星系距离，名叫"Ⅱ型"超新星。对这些超新星的发展，人们已经有充分了解，可以用计算机模型模拟它们的历史，天文学家可以通过许多观察数据计算它们的真实大小。现在认为使用这种超新星的方法确定星系的距离，还没有像使用造父变星方法那样可靠，但好处是超新星更亮，对那些用造父变星方法显得模糊的更远的星系，可以算出它的距离。

从前面的描述中，应当清楚的是，当我们提到一个已知星系的旨在成为事实的距离时，在很大程度上取决于许多理论假设。这在近来的争论中变得尤为明显[13]。一群天文学家用"Ⅰa型"超新星确定距离，得到了通常公认的哈勃常量的值，而另一群用"Ⅱ型"超新星，还有的用造父变星方法确定遥远得识别它都很困难的星系距离，以致得到的哈勃常量偏大80%。哈勃常量偏大，意味着所有我们看到的星系离我们比以前想的要近得多。而且，用哈勃常量和估算的宇宙总质量，还可以估算宇宙的年龄。用较大的哈勃常量，宇宙学家推算出的宇宙比起以前相信的年龄要年轻得多，事实上，比起以前单个确定的许多恒星的年龄还要年轻！和50年前的那一回一样，迄今，这一难题还没有解决。

像我们从这些例子中所看到的，科学事实渗透理论的程度变化很大。一些事实相对纯粹并且不依赖于理论假设，其他一些事实则被严重"沾染了"。恒星由与地球上发现的相同的化学元素所组成，这一知识仅仅是由它们的电磁波谱扣除其全部的平移后，与地球上观察到的一样来获得的。除了对红移进行校正外，这一推理没有用到别的物理定律。（另一方面，从红移推出恒星正在远离我们，当然是依赖于理论的。）在另一极端，是许多天体物理学和宇宙学的事实，它们是十分间接地确立的并且利用了大量的理论推理的脚手架。结果，当发现需要某些假设时，这些事实常常会变化。

通常，公道地说，几乎每一个用来确证或否证一个理论的实验结果，只有经过另一个局部理论或同一个普遍理论的另一部分的解释后才能作为这一目的。在大多数例子中，利用一种理论去解释实验结果，而得到的“事实”用以反对另一理论，从这种意义上说，实验科学家的日常工作就是用一种局部理论反对另一种局部理论。19世纪关于**普劳特假设**的争论可以作为一个例子[14]。

在1815年，普劳特（William Prout）假定所有的原子都由最轻的元素氢原子组成。这就意味着所有的化学元素的原子量都正好是整数（以氢为单位来度量）；许多化学家进行了艰苦的实验来检验，但是他们的结果并没有证实普劳特的想法，大多数元素的原子量与预期的值皆有偏离。现在我们知道普劳特在本质上是对的，并且知道为什么这么多有名的化学家的测量是正确的但是却不符合：大多数自然界存在的元素是各种同位素（即化学性质相同但原子量相差氢的很小的倍数的物质）的混合物。在事实能够被用来证实或否定一种理论之前，它们必须借助于别的理论来认识。

基于以上例子，有人可能会认为**在事实和理论之间的界限并不总是明显**的。进而，除了理论和“数据”之间的界限不清之外，实验也要服从可能是不合理的理论的影响。毕竟，它们的解释必然被基于从前的思想和知识的观念所引导。庞加莱指出，事先没有想法就进行和评价实验“是不可能的。这不仅会使得所有的实验毫无结果，并且，如果试图这样做的话，就会一事无成。每个人的头脑中都有自己不易摆脱的以自己的方式对世界的理解”。[15]因此，从多种意义上来说，我们认为的事实其起源是掺杂了其他东西的。

事实的稳定性

那么，在科学上富于想象力的理论，要服从事实和实验上可验证的证据的最后检验，人们经常重复的这种主张是什么意思呢？如果这些事实是由事先充分想过的实验产生的，如果它们依赖于正好是要证明的理论，那么我们能否得出结论说，科学无非是一个大阴谋和神话，理论在其中是用来捏造它自己的事实的？实验结果所具有的认识价值与民间传说不相上下？嗯，可能有自诩的聪明人持这种看法，不过这种结论可能是十分愚蠢的。

尽管罗默首次确定光速乃基于天文理论，但从那时起这一速度被用多种方法测定过，所有的方法都得到了一致的结果。卢瑟福根据理论计算（对它使用的是不正确的理论）发现了微小的原子核，已经被其他实验无数次所证实，并且被用于大量各类成功的预言。电子电荷的数值也出现在许多被精确地证实了的预言中。它与普朗克常量和光速的某种组合，被称为**精细结构常数**，是“无量纲的”，其数值为1/137，与表示每项物理量的测量单位无关，现今在凝聚态物质中而非粒子物理中由实验更精确地确定了。基本粒子的质量和半衰期在不同种类的高能实验中证实了自己，相对论性时间延缓对解释不稳定粒子的半衰期延长已在许多不同的条件下得到了证明。尽管一些“事实”还是不牢靠的，天体物理不像物理学的其他领域那样有把握，天体物理学的事实和理论的结合也正变得愈益坚实和可靠。

理论和定律最终基于可独立证实的事实之上，这种说法过于简化，不过还是这么回事，而且需要强调这一点，在物理学和科学的大多数其他领域中，虽然一些事实可能是渗透着理论的，定律和事实的结合却具有极大的稳定性。就像一座建筑物的稳定性不单靠拐角上的支柱的坚固性，也靠墙和地板的大范围的交叉支撑，科学的结构也是这样，是由其中密集的相互依赖的网状部件来保证的。在必要时，指出科学结构的某些特定部分的证据可能是薄弱的，这是科学家和博学的评论者的一项重要职责，但它与大厦的整体安全性关系不大。

注释：

1. Poincaré, *The Foundations of Science*, p. 128.

2. 有一桩有趣的历史事实：当谱分析最早根据太阳光完成时，发现有一种谱没有地球上的类似物。后来发射这种谱的元素在地球上发现了。它被命名为氦，其希腊文名称指太阳。

3. Holton, *Einstein, History, and Other Passions*, p. 65.

4. 此种分类一度被看作柏拉图意义下的解释，即找到生物的理念形式及其间的关系。我们不再给此种论点以任何解释价值。

5. 对这一发现的细节的描述和随后的争论，见 Holton, *The Scientific Imagination*, pp. 25-83。

6. 详见 Nye, “N-rays: An episode in the history and psychology of science”。

7. 见 Allen, “The rise and fall of polywater”。

8. 对这场争论的详细描述，见 Collins, *Changing Order*, pp. 79-112。

9. 对 Weber 事件和冷聚变败局的详细描述，见 Collins and Pinch, *The Golem*, 第3和第5章。

10. 笛卡儿宣称，如果光速不是无穷大，他的哲学就是无效的。

11. 我们可能附带注意到，哈勃对这一线性关系的发现(后来被许多测量所证实)是直觉的胜举。将他的数据读解为表明一种简单的比例，需要极大的想象力。

12. 这是由它在我们看来似乎隐藏在其内部来确定的。如果一个星体看上去属于一个大的恒星团，那么，事实上，比起仅因巧合而貌似为该星团的组成部分的过近或过远的星体，它更为可能属于它。

13. 例如，见 John Maddox, “More muddle over the Hubble constant”; Bolle and Hogan, “Conflict over the age of the universe”。

14. 见 Chalmers, *Science and Its Fabrication*, pp. 64f。

15. Poincaré, *The Foundations of Science*, p. 129.

第六章

理论的诞生与死亡

如上一章所述，科学的定律和理论同实际的证据之间的分界线并不分明。不过，我们需要去问，两者之间有什么样的关系？从而，什么是理论的来源以及什么决定理论的状况？理论是发源于被沾染的事实么？定律是被理论**证明**的么？

观念与理论的来源

作为开始，重要的是弄清楚理论的来源与它的证实之间的区别。尽管某些科学哲学家和科学社会学家们还有争议，萌发于科学家的意识中（心理学来源）的规律与支撑规律的证据几乎无关。[1]这就是为什么科学家的职业论文中几乎没有个人色彩，而让传记作家和历史学家失望。科学家们在把自己的理论供世人审查和检验之前，他们要全面审视内心思考的和必须克服怀疑的争斗。“把科学的成功当作可分享的活动，”科学史家霍尔顿（Gerald Holton）恰如其分地评述说，“是与自觉地贬低个人奋斗相联系着的。”[2]

科学家罕有以熟记大量实验数据、跟定某些系统的归纳法而达到一个理论的，波普尔“科学方法”的图像有助于一劳永逸地使这种看法覆灭。我们有从科学家们那里来的丰富的证词说明理论发明几乎总是出自突发奇想和灵机一动。事实上,在很多情形下,顿悟与别的任何我们称为证据的事物全然无关,特别是因为这些直觉有时比起理性思考来更多是基于潜意识思想。

手头就有帕拉塞尔苏斯(Paracelsus)发现水银对梅毒的疗效的例子,当他提出他的建议时,受历史环境的限制,他从占星术信仰出发相信金星同水星是相对着的。还有一个众所周知的故事,凯库勒(Kekulé von Stradonitz)在半睡眠的状态梦见一条蛇咬着它自己的尾巴,从这个直觉出发他发现了苯环的化学结构。也许对爱因斯坦的回忆可以多说点,你可能还记得在第四章提到,对他来说(狭义)相对论是如何萌芽的。当他还是一个孩子,坐在去学校的电车上的时候,他设想如果他乘坐在光线上会看到什么。现在还不完全清楚,当爱因斯坦表述他的理论时,他是否确实知道早在18年前完成的迈克耳孙-莫雷实验[3]。这个实验对引导他进行相对论的思考并没起重要作用,不过,该实验是许多确证证据之一,而且在大学生们的心目中对该理论有效性的确立起着决定性的作用。类似地,奥斯特(Hans Christian Oersted)在发现电流对磁针的影响之前[4],由于阅读康德(Immanuel Kant)的著作,形而上学地确信在电和磁之间存在一种基本的联系。这并不是说对产生定律或理论来说实验数据是不必要的,而是说,有时这些数据是需要的,而有时产生于以很少数据为基础的灵机一动;从观念的心理学来源来说,各种各样的影响,包括社会的和政治的,都可能同时起作用。热力学第一定律(能量守恒定律)的发现就是一个值得稍微详细考察的例子。

在19世纪上半叶,物理学中最激动人心的成果是热的性质及其与机械能的关系。生理学家迈尔(Julius Robert Mayer)经常抱有热等价于机械能的信念,最后在十分间接的情况下得到他的结论。当他作为一名船上的医生,于1840年的一次到马来群岛的远航中,他注意到在赤道的气候下欧洲水手的血比在本土时要鲜艳得多。他的结论是,人体在较温暖环境下为了维持体温必然较少耗用来自血液的氧。由于他推断动物的热的唯一来源是食物经由血的氧化作用,所以化学能、机械能、电能、磁能和热能的总和必然守恒。他运用这一推理有力地反对当时流行的活力论,按照活力论,生命要求一种不可还原的特殊的力——**活力**。当然,迈尔的结论是十分正确的,不过它是基于一种有点混乱的推理,把起因与能量看为相同的、特殊的物质。另一个德国科学家亥姆霍兹类似地也从生理学观点达到了能量守恒定律并用它作为反对活力论的武器。另一方面,获得发现热力学第一定律这荣誉的英国竞争者焦耳(James Prescott Joule),则完全是从物理学出发获得热与能的关系。他用旋转浸没于桶里的叶轮来加热水,结果,由机械功直接产生了热,他先后测量了旋转叶轮的机械功和用马达驱动叶轮的功与水的温度升高。由这一著名的实验他确定了"热功当量",即多少单位的机械功或电功等价于1卡的热量。

能量守恒定律的历史是一个错综复杂的故事,其中的优先权争论反响延续了数十年。我们应当从中学习的是这一极其重要的物理定律是科学家沿着不同的路径发现的,其基础并不都建立在现在看来正确的观念之上。热力学第二定律也是这样,它指出,孤立系统的熵恒增,即热量总是从热流向冷。这一基本定律的最早提法来自法国工程师卡诺,他一直相信旧式的热质说,这种学说认为热是一种单独的物质。这类例子十分清楚地说明有效理论的来源是完全不相干的。科学家们都熟悉这样的事实,即一个新的重要的见解的最早提法常常是基于有缺陷的推理;这就是为什么科学教科书通常都以与历史无关的风格撰写,代之以对引向所发现事件的实际进程的理想化了、和年代误植的描述。

电磁学理论代表着一大批富有成效的观念,其来源是一些很快便

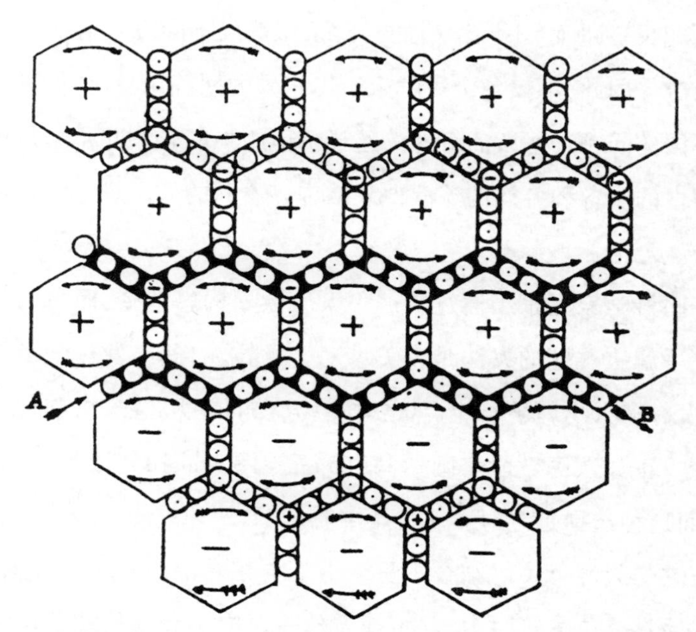

图4　产生电流的磁场的麦克斯韦模型。(重印自John Hendry, *James Clerk Maxwell and the Theory of the Electromagnetic Field* [1986], p. 172)

被抛弃并认为是不相干的概念。麦克斯韦把他的方程建立于他相信的描述了实在的复杂机械模型之上(参看图4),他的方程把起先在电与磁的各自领域中的方程联合起来了。然后他把这些方程大量用于解释光的本性,证明它们蕴含了全部已知的光的定律。赫兹由这组方程导出了在空气中或真空中有另一种电磁波存在,并通过实验产生和检测了这种有大量技术应用的波。于是,赫兹在他的著作《电波》的开头宣布:"麦克斯韦理论就是麦克斯韦方程组",这就割断了这个理论的支撑模型与理论之间的联系,至今依然。没有一本现代电磁学教科书的作者感到有必要提一提支撑麦克斯韦方程的模型;目前,存在别的符合当代物理学观的办法使这些方程得到理解。当然,从根本上证明它们的还是它的众多实验验证了的结果。

有时科学家们发现知识氛围有利于在某些领域中产生新观念,而有时则相反。进而,不同性格的科学家自然以不同方式对他们的环境作出反应。因此,不仅各个科学家给出相异的回答,而且他们可能提出完全不同的问题。对所需解释的选择可能施加的影响并不总是科学的乃至理性的。各种各样的流派似乎从许多不同的方向登上了科学论证的舞台。[5]

有些科学家更乐于通过统一一大堆数据构思理论,而另一些科学家则在乎解决难题的办法是否美。对于狄拉克,其出发点大半是美学上的,没有多少物理学家能否认狄拉克方程的魅力,在这方面他并不是孤独的。正如法国数学家阿达马(Jacques Hadamard)所言:"发明就是选择,而这种选择是绝对服从科学美感的。"[6]一种观念或理论的有效性完全与它的起源无关。结合了量子力学与相对论的狄拉克方程,虽然它过多地具有美学吸引力,并不被看作是对电子和其他粒子行为的正确描述,不过它还是有解释和预测的力量,并为实验所充分证实。一个自然律不被接受,不过是由于其发现来自特别多彩的想象或者是由于**时代精神**(Zeitgeist)的要求。这就是科学与其他知识活动之间的决定性区别。

当然了,每一位优秀科学家,都有一个甄别不适当的观念的过滤器,这些观念是准备附着到公之于众、以求检验的理论(亦即,他自己认为已经建立好了的关于自然律的知识)上去的。"我们的科学对想象力有可怕的要求,"费恩曼(Richard Feynman)说:

> 科学中的想象力的全部问题,在于常常被其他学科的人所误解……无论如何我们被**允许**在科学中想象,这些想象必须**同我们已知的任何事物相符**。我们谈到的电场与波就不仅是我们想如何做就如何做的愉快的思想,而是必须与我们所知道的全部物理定律相符合的观念。我们不能允许我们自己去认真地想象同已知的自然律相矛盾的事物。……人们必须

> 拥有想象某些从未见过、从未听过的事物的能力。同时，这些思想必须限制在狭小的范围之中，即，以自然界确实如此的认识方法为限制条件。[7]

对想象力的这一约束，使得科学家们不能太离谱飞到科学幻想的奥兹国中去；还趋于使他们相对地保守，通常不愿太厉害地破坏现状。曾经有很少的这样的机遇，这时大科学家们显然被允许"认真地想象同已知的自然律相矛盾的事物"，这些激进的新观念使得我们的自然观发生了革命。玻尔的原子模型就是这样一个"范式转换"。他提出的图景是一个稳定的电子在一定轨道上绕核运动的"太阳系"，严重地违反了已知且已充分确立的电动力学定律。类似地，牛顿提出的运动定律违反由亚里士多德阐述的并被接受了两千多年的"已知的自然律"。爱因斯坦的狭义相对论并不直接地违反"已知的自然律"，而是与我们通常关于空间和时间的思维方式相矛盾，甚至今日还引起许多非科学家们在逻辑感受上的拒斥。就像是一个具有功能很好的安全阀的牢固的蒸汽壶一样，科学是一种具有革命的例外条款的保守行业。

对科学家们的想象力的约束同样对数学家也存在，当然，在数学的情形下，约束不是来自外部世界而是来自严格的逻辑和数学整体的要求。但是，犹如对科学家一样，引向重要的新定理的大的数学洞见经常产生于数学家的顿悟，并不总是可以追溯到合理的深思熟虑。在两种情形下，它们的出现就像难题突然破解。下面是阿达马的描述：

> 有这样一个现象是必然发生的，我可以担保它的绝对必然性：一个解的骤现是突然醒悟的一瞬间的事。一个长时间寻找的解在由外部的响声十分骤然的提醒下，一下呈现于我而无需哪怕最短时的反应，这种事实对我是足够印象深刻、使我难以忘怀的。[8]

我们怎样解释印度大数学家拉马努金(Srininvnasa Ramanujan)呢,他完全不用证明就在数论中得到了令人惊奇的结果。他无需推导就写出的复杂、干净、正确的结果,其中许多(当然不是全部)别的数学家需要若干年才能证明。尽管其他数学家赞赏他的漂亮结果,可能还有人因为结果漂亮便不疑有错,但如果没有严格的证明也不能接受他的命题,就如同科学家对他们无论怎样严谨的理论都坚持要实验证据一样。

由于科学的理论经常是基于灵机一动并产生于丰富的想象力,还由于支撑证据对它们是根本上**证据不足的证明**,我们应当期望有这样的例证:针对同一组现象,有若干不同的相互竞争的理论被提出来,可能全是有效的且都为实验所证实。1925年,当海森伯提出"矩阵力学"和薛定谔提出"波动力学"时,发生的就是这种情形。这两种理论同等地很好解释了量子难题,但表面上完全不同。不久,这两种表述被证明在数学上彼此是等价的,目前它们只是被看为同一个量子理论的两种版本。"有争议之点是,"哲学家埃利斯(Brian Ellis)指出,"是否存在真实的、逻辑上不相容的、经验上等价的理论,在没有证据区分它们的**强**意义之下。"[9]我不知道有这样的例子,在同一领域中[10]提出的相同范围的两个不等价理论,它们在考察事实时确实值得注意,如许多科学哲学家所强调的,这样的两个理论将永不会通过观察数据的逻辑检测。

科学中的时尚与狂热

如果理论的心理学来源处于朦胧、有时是非理性的状态之中,发现在科学中创立理论有时顺从**时尚**是无需大惊小怪的。人们经常把我们或多或少地追赶流行趋势作为非科学的"非理性"学科的标记,科学家们有时嘲笑人文学科的学者跟着随便的一种观念的潮流走。无论如何,在科学与数学中,即使赶时髦不像在某些其他领域中起支配作用,在不同程度上它无疑也是存在的。狂热可以引起科学家们特别是年轻科学家的注意,并将其卷入成为追求者,去问一些专门的问题或解某些题目,这些问题本身并不一定最重要、也不是由于它们是当时解决问题的必要工具,而是由于它们成为“每个人”特别是知名科学家讨论的话题。很难否认这种社会压力确实存在并对科学施加影响,尽管从纯粹理性的观念看,这或许是可悲的。

物理学中不乏追随狂热的例子。粒子物理学中的“靴襻”方法,在第二章描述过的皮克林对现代物理价值的攻击中十分突出,显然是同喇叭裤一样的时髦货。突变理论是另一个“热门”观念,被设想可以简单、干净地解决在许多专业中困扰科学家的各种难题。如同分形理论与混沌理论用于很大的范围一样,其实远不足以达到其目的。这并不是说这些追随一点好处也没有。狂热的标志是它的十足的魅力和突然使众多的科学家失去兴趣这样一种浪潮,它始于快速产生得出意义较小结果的大量出版物,终于在“15分钟热度”之后突然销声匿迹。赶时髦与科学注重点的迅速变化之间的主要差别,大约是许多研究者强化活动与最终结果意义不大,区分流行的疯狂与重要的进展并不总是容易的,反之亦然。

在某些被公认为研究者过多的领域中,大多数科学家,以及数学家也会自然、健康地失去对它的研究兴趣,但这并不能等同于科学中的狂热。不管一个研究领域有多老,也不管一般说来人们对它了解得多好,总有一些特别的、个别的问题的解答不能令人满意;科学家花了很多时间和精力去挤出已经被挤干了的奶牛残存的一滴奶,既得不到声誉也得不到金钱资助。注重点迅速转变会压垮突然感到失落的老式从业人员,在生物学中发生的就是这种情形,它将注意力从宏观结构转到微观结构、从大的动植物转到细胞和微生物。无论如何,并不是所有的研究方向的改变都是时尚的变换,有时一个新的方向常常在根本上是一次

"范式转换"。由于注重点变化而被放弃了的领域并不一定是虚假的，而是由于在老的研究纲领中遗留下的没有回答的问题再也引不起人的兴趣了。

理论接受检验的方式

当然，观念即使通过了被费恩曼设置的精细过滤器，也不总是正确的，许多有想象力的理论家曾具有并不显然是错的观念，但是后来由观察来检验时，才证明是错的。玻尔和爱因斯坦的追随者想要攻击已确立的定律，实际是在攻击它的证据；某些"疯狂观念"被证明为正确，并不能证明所有的异想天开都是正确的。那么，我们可以发问，是什么决定老理论和新理论可以接受还是应当抛弃呢。

首先应当提到的是，如同许多非理性的因素在理论的心理学来源中发挥作用一样，它们对不同的科学家可能立即被拒绝或接受；最初的判断，甚至是最聪明的人的判断，有时也被发现是十分错误的。哥白尼(Copernicus)的新天文学在伽利略的思想中占有重要位置，为此伽利略还受到教会的迫害，而开普勒行星运动定律又给哥白尼理论以强有力的支持，从这一观点来看，伽利略拒绝接受开普勒定律，似乎是莫名其妙的。这种谜一样的行为可能有它的根源，伽利略强烈地喜爱圆而厌恶在绘画与雕刻中的"怪僻"：那种赶时髦艺术流派喜欢拉长图形，以致将圆变为椭圆。[11]霍尔顿认为，开普勒是一个**怪僻派**的思想家，所以伽利略没有把他放在心上。

根本上说，任何提出来的科学定律要被接受，必须引出可供验证的结果。作为一种普遍的哲学，实证论者坚持不能被观察所验证的命题是无意义的。然而，这一要求是过分严格了，特别是由于**意义**一词包含有许多不同的事物。科学，特别是物理学这门抽象学科，充满着与实验不沾边的概念和没有观察结果的有意义陈述。但是，毫无疑问，如果其内涵不能由实验检验，则这个定律就不能被接受。如上所述，一个十分普遍的定律，有时可以生出局部定律，这些局部定律大多可以导出直接可验证的命题，其结果的预测来自将来的观测或者适当地以从未进行过的方式分析过去的实验(这些在它们与已知的事实相符合的意义下可以称为"后验")。

一般地说，科学家们对预测的评价比后验高得多。原因大多是心理学上的。有一种感觉，随着可调参数的足够的变动，聪明的理论家总可以构思一个草图去拟合已知的数据；对于预测的情形，即使是最敏慧的理论家也要冒犯错误的风险。这就是为什么有意义的新预测的数目愈多，它的价值就愈高。预测还会激励一些实验，若无预测，这些实验就不会安排。当问一套新问题时，大自然可能奉献出一套全新的展示其奥秘的答案。在新理论的全部可能的价值中，这一点最为重要。亚当斯(J. C. Adams)和勒威耶(U. J. J. Le Verrier)独立地基于牛顿万有引力理论分析了天王星的不规则运动，预测了引起不规则运动的那颗未知行星的位置后，在19世纪中叶发现了海王星。当加勒(J. C. Galle)和达雷斯特(H. d'Arrest)遵照他们的预测观测到了这颗行星时，他们的工作被看作是牛顿理论的辉煌的确证。

观察与实验结果在适当解释之后，与理论的内涵符合得愈多，证实的程度便愈大，这一点好像是显然的。然而，没有办法对确证的程度指定一个数值，比如理论的正确度概率之类的值。全部基于系统归纳法上的这类尝试都失败了，对此波普尔的巨大贡献是，从根本上强调科学定律的意义在于其**可证伪性**(falsifiability)而非可证实性(verifiability)。这是由于定律有全称命题的形式：某某在这种情况下必然发生，或者某某永不可能发生。能量总是守恒的；第二类永动机是不可能的，即不可能从海水中单凭冷却它取得能量。类似这样的普遍陈述不可能完全地确证，因为要做到这一点需要无限多次的尝试。不过，它们可以被一次相反的观察所否证。

也还有另外的理由，为什么是可证伪性而不是可证实性给陈述以科学上的意义呢，因为借助适当选择证据，不难实现几乎任何事情的证实。甚至一个预测的观察确证可能是基于侥幸：由亚当斯和勒威耶的计算确定到何处去寻找扰动天王星轨道的未知行星乃基于不完美的假设，而海王星的发现大半是靠运气。[12]“是什么使可证伪性判据如此有力，”盖尔纳(Ernest Gellner)透彻地评述说，

> 如果你坚持说，一位信仰者应该指定一定条件，在何种情况下，他的信仰不再为真，那么就意味着，你迫使他承认一个其信仰服从某种裁决的、完全受某些“事实”或别的什么支配的世界。而这就是信仰(完整的观念)系统地所要回避或逃避的……而对于“可证实”这个要求，它们并不感到害怕：一般地说，他们创造出来的世界非常完整，有丰富的验证，这儿、那儿、到处是验证。[13]

反对心理分析是一门科学的一种有力的理由，是这种系统可以轻易地对一种症状或任何形式的梦作出似乎有理的解释，不过没有办法证明这些解释是错的。如果有一种解释对一个人成功、对另一个人失败，就从潜意识中找出一种理由，一种症状及其相反的症状都用同一种解释，对一个特别的专家来说随便什么都可以成为最有用的、最能自圆其说的解释。因此，这种理论没有真正的解释能力；使其失去科学意义的是其不可证伪性(non-falsifiability)，而不是验证的失败。**不存在什么科学证明，只存在否证。**

科学家们把解释看为预测的伴随物，强调证伪的科学重要性。如果对一个过程的理解仅仅服从事实的一种解释或者已知的关系，那是

保险的而且是不会被证伪的;只有当它引向预测时才成为冒险的。这就是为什么,在解释并不引向(即使潜在的)预测的人类的思想领域中充满了声名狼藉的争论,因为拒绝一种解释的唯一理由是,它是不可信的。

似乎可信和诱惑可能是可证伪性简单而严格的判据,它曾被科学哲学家例如拉卡托斯(Imre Lakatos)有力地批判过。对于一种事物,通常可以构造一种特别的理论变形去解释观察的不相符。"**在科学史上有些最重要的研究纲领被嫁接到显然与之不协调的老的纲领上**。例如,哥白尼天文学被'嫁接'到亚里士多德物理上,玻尔的纲领被植入麦克斯韦的纲领中。"[14]另外,任何理论的验证必然总是依赖于衡量观察结果的界限,**其余的事情是同样的**。在大多数的例子中,科学家们对一个具体的背离必须断定归因于什么。由牛顿的理论预测的水星轨道近日点的偏移为天文学家们所知已有85年,一直没有被看为万有引力理论的否证。因为所有人都知道,那是由于某个还没有发现的行星的扰动或者某些未知的原因引起的。只有在爱因斯坦基于广义相对论对这一偏差的预测之后,这一现象才被看为牛顿理论中的一个真正反常,并且由于其观测值与预测值是吻合的,爱因斯坦胜过了牛顿。

> 在朴素的证伪主义(确实的否证)意义上的"证伪",并不是消除特定理论的**充分**条件:直至我们有一个较好的理论之前,尽管知道成百的反常例子我们还不能把它当作被证伪了。[15]

"**在呈现一种更好的理论之前是没有证伪的**",[16]拉卡托斯作结论说,他并且建议用"方法论证伪主义"("**在由毫无疑义的知识背景上的验证来区别理论,……它把我们最成功的理论作为我们感觉的延伸。**"[17])去代替"朴素证伪主义"。

换句话说,一个观察的不符合,是否可以看为对一种理论的证伪乃依赖于实验与理论的语境。在许多例子中,实验结果与理论的不符被看作误差。如上所述,当1929年一些实验观察强烈地启示,β衰变违反了宇称守恒律,而物理学家对这个原理上的信心是如此地牢固,以至于这些实验数据被忽视被埋没了,仅仅当宇称守恒律被类似的别的例子最后打破时,27年之后这些实验数据才又被重视。在这种情形下,证伪被掩盖成对进步不利。不过,爱因斯坦与狄拉克声称,他们不必考虑他们的理论会被与之不符的可疑的实验结果证伪。甚至在面对相反的证据时,也对他们的理论有牢固的信心,如果并不是太过分,这通常是理论家的美德。例如,缺少金星的位相观察,对哥白尼行星运动的革命理论来说,是一个问题。直到大约50年之后,伽利略才能通过他的新望远镜看到这些位相,伽利略赞美哥白尼忠于他的理论,尽管有迄今为止还不能解释的难题。[18]

由此,证伪判据有其固有的局限,进而,我们必须承认"证实"也起一种重要的作用,即便这种作用是不能保证的,也永不能混同于"证明"。毫无疑问,当一个新的观测与预测相符合时,它对于待检验的理论的有效性构成一个可能的支柱,并且对科学家们是具有高度说服力的。当施温格尔(Julian Schwinger)公布他的电子反常磁矩的计算结果时,它与测量值的符合程度好于十万分之几,这件事被看作是他新创立的量子电动力学重正化的胜利。Ω^-粒子的实验发现使盖尔曼(Murray Gell-Mann)的"八正法"理论得到了光荣的证实。波尔金霍恩(John Polkinghorne)说得确实对:

> 当鲁比亚(Rubbia)和他的朋友们沉浸于UA1实验的欣喜之中并相信他们发现了W和Z玻色子时,据波普尔的说法,他们高兴的不是地方。真理总是不可知的,仅有的确定的知识是对错误的确定。按照这一观点,真正要庆祝的是没有发现预测的W和Z信号!这样一种解释是十分奇怪的。[19]

心理学的要点被很好地拿来特别用于只取得少数成功的年轻理论。然而,对许多理论家来说,他将确实高兴于一种貌似充分确立的理论为实验所否定的消息,而厌烦于总是确认它,这也是真实的。许多物理学家的标准反应是,他们说这种否定教给我们**新物理学**。近几年来,设置大规模的实验用于测量从太阳到我们的中微子流,原先我们设想它们是由热核过程所产生的,而实测发现比预期的过少。假如解释从太阳“丢失的中微子”的所有的复杂的尝试都宣告失败,可能使我们激动不已,因为由此可以得到结论说,不是关于中微子、便是关于太阳的被认为是保险的知识出错了。当在专为此目的而建造的伯克利的高能质子同步稳相加速器上发现了反质子时,它给了整个物理学界一阵厌倦。倒不是它的发现不重要,而是基于狄拉克的理论,人人都已知道了它。另一方面,要是没有揭露它的话,这将是一则激动人心的新闻,因为这可能需要重建相对论性粒子理论。如同普朗克在一次讲演中评论说:

> 一种活跃的茂盛的理论不回避对它的破例,而是要研究它们,因为对进一步的发展的刺激,来自矛盾而不是来自确证。[20]

应当牢记之点是,尽管是可证伪性而不是可证实性,在决定一种理论是否有科学上的意义时是最重要的**判据**,它在建立对一种理论的信赖这个更大的任务所能起到的作用仍是有限的。一种理论被接受并不仅仅由于它经受得起许多证伪的磨难,尽管这样的检验也是需要的,而是由于它引向被实验证实的预测。毕竟,理论的目的是由它生产许多东西,而不仅仅是不出错误。“仅仅在哲学家的理想王国里,”哲学家劳丹评述说,“去维护一种教条仅仅是因为这种教条没有被最终驳倒,是合理的。”[21]

当决定是否抛弃一种老的、被证伪了的理论,代之以一种解释能力更强的理论时,科学家们还面临另一个问题:有时一种新理论关于给定的、老理论可解释的现象作不出预测或后验。有关的例子是基于牛顿的运动定律与万有引力定律的行星轨道理论,它取代了以前的一种笛卡儿理论。后者的目的是去解释,在所有的事物中,所有行星皆绕太阳按同方向旋转,而牛顿的理论对这一点保持沉默。对于这种运动的同向性,也为了解释轨道的共面性,行星的具体大小,以及它们与太阳的距离,我们现在把它们解释为历史的偶然,把它们归结为对太阳系偶然形成的方式。一种新理论不仅带来反对以前理论新的预测,这种反对是老理论能够被证伪的工具,而且还要转换值得回答问题的集合。这种注重点变化就是范式转换的实质。

判决性实验

有没有检验两种冲突假说的其中一种而摧毁另一种的**判决性实验**?尽管这类决定性的证据在教科书中常被引用,还是有科学哲学家们否定它们的存在。迪昂(Pierre Duhem)有说服力地反对的理由是,因为它们充其量决定反对的是从更大的理论角度来看的一种假说,这一假说放在另一范围内来看可能就和这类实验不矛盾了。他引用[22]傅科(Léon Foucault)的使牛顿的光的微粒说与惠更斯的波动说相冲突的著名实验。牛顿把光线在水面折射归因于光在水中比在空气中运动得快,而按照惠更斯的理论光在水中运动得更慢。傅科的实验得出了光速在空气中超过在水中的明确结论,该实验被认为是一个使牛顿的光的微粒说倒台而对波动说有利的判决性实验。然而,迪昂认为傅科的检验结果可以轻易地由波动而不是由粒子来解释,可能更好地提出另一种光的微粒说能救活它。而确实,正如德布罗意(Louis de Broglie)在他对迪昂的著作后来的一版所作的序言中指出的,迪昂在写作的那个时候(1905年)并不知道,爱因斯坦引进的光的量子论,正好是这种理论。迪昂真的说对了。

不过,在同样范围的另一个实验也应当一提。光的波动说的一个重要对手、法国大数学家与物理学家泊松(Siméon Denis Poisson),指出它的一个荒唐结果是圆盘阴影的中心有一个亮点。而当阿拉戈(Dominique François Arago)演示这一实验时,光的确造成这样的亮点(图5)[23],这成了支持波动说的判决性实验,这实验甚至使泊松信服不已。尽管量子理论指出这一实验对所有的光的粒子说不一定是致命的,但拒绝波动说的理论没有一种能够存活下来。(有关这一悖论产生的这一奇怪的量子处境将在第九、第十章中作进一步的讨论。)

有两类实验家,一类喜欢设计实验室检验去证实理论,一类则倾向于去推翻理论。当一种理论是新的并且在考验期时,其证实会带来光荣;当它是已充分确立的理论时,推翻它会带来名声。当然,一旦一种理论在经过许多次检验已经被接受,产生否定结果的机会是十分渺茫的,摆在实验家面前的选择就像任何赌徒所面对的一样——你选低风险、低回报的证实呢,还是高风险、高回报的反证?这种决定大半是取决于个性。如果这使人发现,科学家也是人,也有人的情感,借用爱因斯坦在另一场合的话来说,而不是"高跷上的半神半人",这是因为,他们本来就是人。

大约25年之前,尽管有很好的理由反对**快子**(tachyon)的存在,还是兴起了关于可能存在的比光快的粒子的疾风暴雨般的理论思索。其时大多数物理学家都持十分怀疑的态度,少数实验家开始探求这些奇异的对象,这些粒子在发出光、失掉能量时得到加速。尽管若干年无效的猎取,一无所获,然而,一旦有所获,对于物理学的意义将是极为重大的。敢于冒失败大风险的实验家的勇气对科学是十分有益的,并且只有对他们欢呼才对。

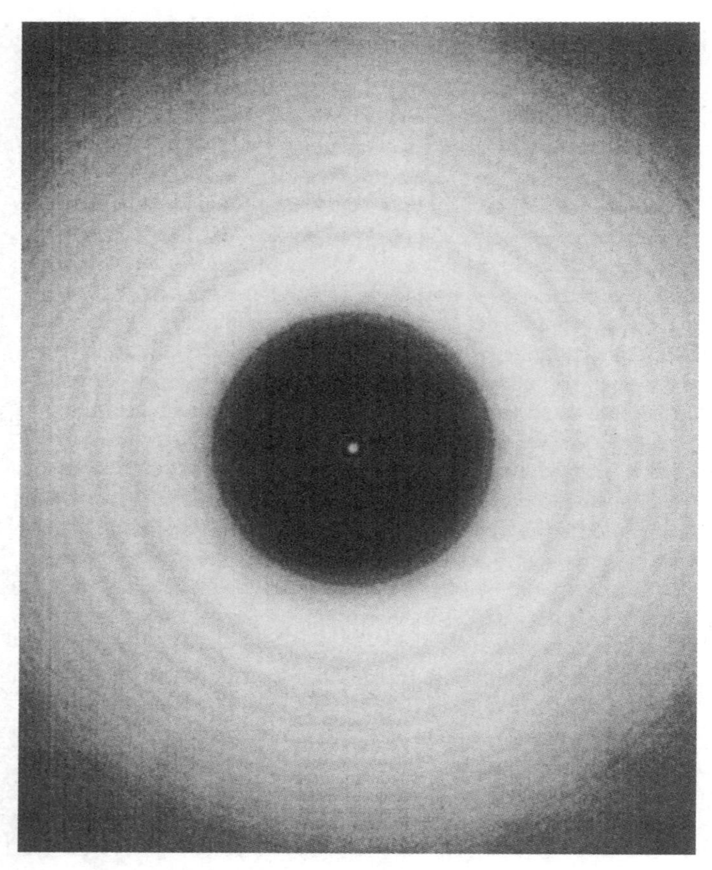

图5 由圆盘引起的光衍射。注意中心的亮点。(重印自M. V. Klein and Y. E. Furtak, *Optics* [1986], p. 440)

除了对直接证伪或确证一种理论的数据,还有更间接地增加或减少我们对某理论信任度的事实。像埃利斯指出的:"与[一种理论的]真或假相关的可能的经验发现的集合"是开放的;"存在无法被理论接受的证据,亦存在不与理论相矛盾的证据。"[24]一种物质在燃烧后发现它的灰比原来要重,对它的可信的解释是反对燃素说,因为燃素说认为在燃烧过程中燃素从物质中跑了出来。即使这样,燃素说还可以将这一结果解释为燃素具有负的质量。以直觉与近似方式基于普遍理论的一种"唯象"局部理论,经常被用于作为该普遍理论的证据,尽管没有严格的逻辑联系。这样一来,显然支持或反对理论的证据比起严格的证伪或证实要多。[25]

存在科学方法么?

所有我上面描述的,理论依赖于事实的方式,理论怎样产生,理论怎样被证实或驳倒,有时都包含于术语**科学方法**中。不少大部头的书对它一再进行定义,并且围绕它争论,不过其真实价值却是很成问题的。心理学、社会学的手册与大学教材常以解释这些方法是什么并且劝说学生们以遵从它为开始:必须依靠证据而且仅仅是依靠证据;在实验室要遵循严格的步骤与方案,不要扔掉与理论或猜想不符的数据;永远保持客观态度,不要让先入为主的强烈的偏爱情绪影响你的判断;保持心平气和的、冷静的态度。类似的这种建议无疑是有价值的,不过企图把科学方法当作紧身衣,坚持完全彻底地服从一些规则,总是徒劳的。费耶阿本德(Paul Feyerabend)在他的《反对方法》一书中认为,尽管其中有一些可接受的内容并且也曾促成一些重要的、优秀的结果,他还是带鼓动性地主张反对这类限制。他这种说法也许有点言过其实,"不约束进步的唯一原则是:**怎么都行**"[26],而一位带哲学倾向的大物理学家布里奇曼则用类似口吻精辟地定义科学方法的要点是:"动脑子的时候,监狱都管不住。"

费耶阿本德还主张:"**构成科学的事件、步骤和结果没有什么共同的结构**;不存在每一种科学研究中都有的要素,哪儿都找不到。"[27]这种主张也有点夸张,我想强调的是本书与之有关的是大半限于物理科学之中,并且我说的大多也不必应用于那些其结构较少普遍性与抽象性的学科。事实上,这里所讨论的许多问题从没有在别的学科中出现,它们有它们需要克服的困难。我同意费耶阿本德,各学科的方法的彼此差别表现在许多方面,并且与其他意识活动必定有某些共同的成分。

毫无疑问,过窄的定义是不适当的,一般的途径和方法论可以把现代科学同大多数其他的知识成果,特别是过去形成的(并且至今还为人类的绝大部分所采用的)对自然现象的解释区分开来。一个贯穿于所有科学的共同特征是,它们建立在**对别人可达到的证据**之上,或者像物理学家齐曼(John Ziman)表达的,建立在**可认同的**知识之上[28]。像费耶阿本德与布里奇曼的定义也许能使我们相信,目标怎样达到不能仔细规定,但是体现在现代科学中的意向决不是所谓的"自然的"。它的最重要的特征既不是建立在权威之上,也不是建立在个人的发现与直觉之上。这并不是说科学家与数学家从不使用权威的这个字眼,也不真诚地尊重同行。相反,他们经常使用权威字眼和尊重同行;没有人能够深入到每一个数学家证明的细节中去,或者去重复每一个实验。无疑地,研究者在业内信赖其他人的言辞,但是这种信赖并不建立在以权威身份的权威之上——一个陈述被自动接受仅仅是因为它出自某个人的命令或者是写在圣书上那种经文;这就意味着要求助于某些人的理智与判断力或者某些人的同辈。在这里,有对专家信任的分歧。"没有人对科学的细微部分知道得足够多,以至于能直接判断它的有效性与价值",波兰尼(Michael Polanyi)主张。

> 另外,他必须信赖被确认为科学家的群体权威间接接受的观点。不过这种确认依赖于一种复杂的组织,只有少数他的同行成员能够作出直接的判断,不过每一个都被全体确认。每一位科学家都被其他科学家所承认,反过来他也去承认其他人。[29]

对于个人的直觉和洞察力,当然科学家与数学家利用它们以达到新的观念,但是这绝不是事情的目的。从根本上说,观念的检验是经验的、**公众的**。

心理分析和心理学的其他理论部分由于并不是建立在公众可接受的证据之上而是依赖于名家的权威,因而被抨击为不科学。事实上,心理分析家们的著作经常是由对其奠基人的工作的相互矛盾的注解组成的。另一方面,行为主义心理学的兴起以科学的名义反对过多信赖内省、信赖非公众的证据。

在19世纪早期关于泥盆纪的争论表明,把解决科学问题留给相对地限制在"有关专家狭窄的圈子里"并不是一个好主意。该争论涉及对英格兰德文郡的一种地层的正确识别问题。由于它的深层含有记录地球上早期生命历史的化石记录、煤和有巨大工业价值的矿石,所以确定其形成年龄和起源十分重要。泥盆纪发现的独特性与对其以地质历史争论的术语的解释都是热烈争吵的科学问题。这些问题在早先几乎全是伦敦地质学会会员的格斗者的圈子里不能被解决,但是一旦公诸于广泛的范围,在包括全欧洲和北美的较大群体的参与下,争论被满意地解决了。[30]

当理论被取代的时候

当理论被取代的时候将发生什么?一般地说,有两种可能的情况。在某些情况下,被特定的重复实验所证伪了的旧理论,为一种新理论所取代,亚里士多德的运动理论就是这种情况。亚里士多德的概念是力对于维持物体的运动是必需的,而牛顿定律则是:物体保持其静止或匀速运动,除非有力作用于它,在有力作用时,物体具有一个与力成正比的加速度。尽管亚里士多德的观念非常对应于我们的日常经验,而且即使到今天也难根除,这种取代毕竟发生了;这确实是在库恩意义下的"范式转换"。

让我来引述其他两个被证伪的概念的例子，它们被简单地抛弃并且被新的概念所取代。在18世纪的大半个世纪中，化学家们相信前面提到过的燃烧的燃素说。他们想象当物质燃烧时或者当金属被腐蚀时，其原因是一种物质（即燃素）被提取出来了。当发现被烧掉或被腐蚀掉的物质的灰烬或剩余物的重量比原来大而不是小了，就假定燃素是一种"非物质的元素"而不是实际的物质实体，在燃烧过程中燃素不是简单地逃逸掉，而是被某些别的什么东西所取代，或者为了"拯救现象"而引进负的质量。不过，最后经拉瓦锡（Antoine Lavoisier）的仔细的实验，扫除了燃素说，并且以氧化的概念取代了它，而氧元素就是基于这些实验发现的。

在18世纪和19世纪早期另一个被放弃了的观念是热质说，按照这种学说，热是一种不可灭的、流动状的物质且充满所有固体、液体、气体中的空隙，犹如水往低处流一样，具有从热流向冷的固有的性质。经过了旷日持久的斗争，它被动力学理论所取代，即热是由组成物质的分子混沌的或振动的运动所构成。汤普森（Benjamin Thompson），美国独立战争时的一位亲英分子，后来成为伦福德伯爵（Count Rumford），他观察到在钻加农炮的炮筒时，产生异常大量的热，戴维（Humphry Davy）等人将冰块相互摩擦可以融化，这就提供了反对热质说的决定性证据。

在其他的情形，旧的理论没有被完全取代或抛弃，不过它成立的范围被缩小了。在这里相对论和量子力学可以作为首要的例子。爱因斯坦相对论与牛顿理论——狭义说是牛顿运动方程，广义说是牛顿万有引力定律——相矛盾，或修正了牛顿理论。与热质说和燃素说相反，无论如何，牛顿理论并没有被击毙，而在"限定的情形下"还可以看作是有效的，即限定物体的运动速度比光速慢、物体的质量也不过分大的情形。实际上，牛顿力学已经足够完美，它对大多数日常目的，甚至对计算发射到月球上的火箭的轨道都十分成功。并没有化学家和生物学家需要把爱因斯坦相对论考虑进来。

对于量子论，它比起相对论来要更革命一点，但情形仍有点类似。这里，相关的尺度是由普朗克常量的大小所确定，不过准确地陈述在"经典范围"成立是比较复杂的事。但是，即使全部是由核子组成的物体都服从量子力学和量子场论的定律，对于计算台球和行星的轨道，以及建造发电厂，我们可以完全自由地使用"经典物理"而没有显著的误差。换句话说，经典物理学尽管原则上不再成立，现在仍然包含在相对论和量子理论之中，只要使得其适用范围严格限制在日常生活的尺度便可；只有少数例外，它的失败只有在尺度十分大（天体物理学与宇宙学）和尺度十分小（分子、原子及它们的核）的情形才是显著的。[31]

当今物理科学的状况是处于这样的局面，看来不大可能再看到一种基本的普遍理论在全部抛弃的意义下被取代，也许例外是像宇宙起源说那样的历史理论。无疑，我们现今的一般理论将要被修正，但是它们很可能以一种有限制的情形或者以唯象的结构包含于未来的理论中而保留下来。现在的物理学和化学以很大的精确性解释到太多细节的理论将全部被放弃。即使在将来一种半微观的理论可能取代它，量子理论也很可能作为一种庞大的在其适用范围内有用的框架而被保留下来。另一方面，我们的一些局部理论则可能被遗忘，犹如其他处于较低发展阶段的学科的某些现有理论会被整个抛弃掉。

在我对现代物理科学的一般理论的作用和结构的描述进程中，可以清楚地看到，在理论的表述甚至有时在理论的创立中，数学扮演一个十分重要的角色。因而，让我转向更细致地考察数学的性质，弄清楚为什么它对科学的探求必不可少。

注释:

1. 我不同意Paul Feyerabend (*Against Method*, p. 152)煞费苦心提出的论点"抹煞发现的语境与确证的语境之间的区别"。Thomas Kuhn在*The Essential Tension* pp. 326-327,类似地否认这一区别的重要性。

2. Holton, *Einstein, History, and Other Passions*, p. 111.

3. 在若干后来的场合,爱因斯坦否认他知道此事。在他1905年论文(他在此文中提出相对论)的第二段,他指的是"不成功地企图发现地球相对于'光介质'的运动,"但还存在其他许多此类实验。见Holton, *Thematic Origins of Scientific Thought*,第8章及pp. 477-480。

4. Holton, *Einstein, History, and Other Passions*, p. 63.

5. 对于德国遗传学这一案例的历史研究,见Harwood, *Styles of Scientific Thought*。

6. Hadamard, *The Psychology of Invention in the Mathematical Field*, p. 31.

7. 转引自Mehra, *The Beat of a Different Drum*, p. 494;强调字体示原文中的斜体字。

8. Hadamard, *Psychology of Invention in the Mathematical Field*, p. 8.

9. Ellis, *Truth and Objectivity*, p. 6.

10. 然而,Cushing在*Quantum Mechanics: Historical Contingency and the Copenhagen Hegemony*一书中提出,玻姆的理论对公认的量子理论是一种可望成功的替代,并且实验上与之无法区分。稍后我将回到这一理论上来。

11. Holton, *Einstein, History, and Other Passions*, pp. 97ff.

12. Peterson, *Newton's Clock: Chaos in the Solar System*.

13. Gellner, *Legitimation of Belief*, p. 176.

14. Lakatos, "Falsification and the methodology of scientic research programmes", p. 142;强调字体示原文中的斜体字。

15. 同上, p. 121;强调字体示原文中的斜体字。

16. 同上, p. 119;强调字体示原文中的斜体字。

17. 同上, p. 107;强调字体示原文中的斜体字。

18. Wolpert, *The Unnatural Nature of Science*, p. 95.

19. Polkinghorne, *Rochester Roundabout*, p. 171.

20. Max Planck于1891年9月24日在Halle an der Saale的演讲,转引自Jost, *Das Märchen vom Elfenbeinernen Trum*, p. 75;译文由我翻译。

21. Laudan, *Beyond Positivism and Relativism*, p. 21.

22. Duhem, *The Aim and Structure of Physical Theory*, pp. 188ff.

23. 实际上,这一亮点(如今称为"泊松亮点")最初于50年前由Giovanni Do-

menico Maraldi（以 Maraldi Ⅱ闻名）看见，但它被遗忘了。见 Strong，*Concepts of Classical Optics*，p. 186。尽管Strong未指明是哪一个Maraldi看到了这个亮点，假如他的定时正确，必定是Maraldi Ⅱ，因为他的叔叔Maraldi Ⅰ已在这场泊松争论前89年去世。

24. Ellis，*Truth and Objectivity*，p. 108.

25. 对于"判决性实验"及其诠释的一些有趣例子，见 Collins and Pinch，*The Golem*，第2章。

26. Feyerabend，*Against Method*，p. 14；强调字体示原文中的斜体字。

27. 同上，p. 1；强调字体示原文中的斜体字。

28. Ziman，*Reliable Knowledge.*

29. Polanyi，*Personal Knowledge*，p. 163.

30. 见 Rudwick，*The Great Devonian Controversy*。

31. 然而，在日常水平处有某些现象，其解释需要量子理论：相变，超导电性，及其他此种集体效应。

第七章

数学的威力

一位血气方刚的年轻的法国数学家，伽罗瓦(Evariste Galois)，在他为了共和反对路易菲利普皇帝(King Louis-Philippe)的煽动而坐牢9个月被释放后，于1832年，在20岁时死于决斗。决斗的前夜，他预感到会死去，便匆忙地写下了他近来在代数方程可解性上的研究成果，这些结果后来成为现在被称为**群论**的一个深奥难懂的代数分支的基础。在一个多世纪之后，发现了自然界的一种基本粒子，它的存在曾被美国物理学家盖尔曼基于那个深奥的理论预言到了。群论目前已成为我们在最基本的层次上认识大自然的一种重要手段，而且在从材料科学到核物理学等许多物理领域中被作为一种重要的解释工具。确实，全部化学皆以元素周期表为基础，而元素周期表的结构在很大程度上乃基于群论。

在科学中到处是数学——在生物学、化学、心理学中，而在物理学中最为普遍。伽利略说："大自然的语言是数学。"而且学科越是抽象越是普遍便越是充满数学，其中特别是物理学科。在心理学与社会学中尽管大量使用统计，相对来讲数学还是用得少点。另一方面，生物学如今正变得越来越抽象，它的结构越是建立在分子水平上，它利用的数学工具就越多。把数学当成是一种科学家必须学习而非科学家则害怕与回避的学问，认为它仅仅是一种常规的便利的语言或者产生便于用实验验证的数字的手段，这种看法是错误的。数学是一种万用的、强大的思想工具。物理学家使用它的结果就如同使用它的语言一样多。在这一章中，我打算先介绍数学的历史和功能作用，然后要问数学的威力是哪里来的。数学为什么如此有效？

数学在物理中的历史重要性

从伽利略以来，物理学理论一直是用数学语言来表述的，直至20世纪，"数学物理学"与"理论物理学"两个词是可以交替使用的。现代最伟大的数学物理学家之一庞加莱把物理学比作一个大图书馆，实验是充实其中的图书，而数学物理学家是索引，没有它，这些藏书是不可及的，且是无用的。他在一篇评论中触到了今日世界的痛处，他说："当指给图书管理员他的藏书的这种缺陷时，将促使他能合理利用藏书，这就是最重要之点，因为这些藏书是利用得完全不充分的。"[1] 在接受了这种比喻时，我们还应当注意这样的明显事实，即索引性质在最大程度上决定了图书馆组织方式，甚至决定了许多书的存在。数学从语言与内容两方面同时不断给我们对于自然界结构的观念以强有力的影响，没有想到应用的数学家得到的结果，几乎总是能找到它这两方面的用处，在物理科学中用维格纳(Eugene Wigner)的话来说，是"异乎常理地有效"。相反地，许多重要的数学思想皆发端于物理学的需要，这就是17世纪到19世纪大多数大数学家也是物理学家的缘故。

集物理学家与数学家于一身的最伟大的范例牛顿，为了物理上表述运动方程和万有引力定律两方面的专门应用发明了微积分，它在随后的两个世纪中生长为数学的一个大的分支：**分析**。由物理学进展促进数学进步的其他例子不难找到。在力学中求解物体运动的牛顿运动方程极大地刺激了微分方程领域的进步，而如果没有麦克斯韦的电磁学理论、弹性延展物体的力学与声学理论，偏微分方程领域也许不会有如此高度的发展。

这里有一个例子，是一个数学学科起源于解决物理学中的特有问题的尝试。当牛顿关于太阳系的理论看上去变得如此错综复杂时，每一个行星都不仅被太阳的引力吸引而且也被其他行星吸引，行星系统是稳定的还是注定要崩溃呢，这个问题便亟需从数学上予以确认。为了证明系统的稳定性，拉格朗日（Joseph Louis Lagrange）发明了一种方法，由它引出了一个新的有效的被称为**摄动理论**的数学分支，现今在理论物理学中到处应用它。其他许多大数学家发现，他们的想象力受到在科学的工作与贡献的激励。"数学王子"高斯在力学、声学、光学、磁学与晶体学方面都有贡献，他还多年任格丁根天文台台长。事实上，也只有天文学这个领域是他毕生从事的工作。我们还可以举出像欧拉、达朗贝尔（Jean d'Alembert）、拉普拉斯（Pierre Simon de Laplace）、勒让德（Adrien Marie Legendre）、雅可比（Karl Gustav Jacobi）、哈密顿（William Rowan Hamilton）和庞加莱这样的大数学家。

所以毫不奇怪，是一位数学家，拉普拉斯，总结了理论物理的世界观，提出了一个著名的论断，这个论断响彻了整个19世纪：

> 如果有一种至高无上的智者，能了解在一定时刻支配自然界的所有的力，了解自然界各个实体的各自位置和初始数据，并且他还有足够的能力去计算这些物体的运动，那么从最大的天体到最小的原子的运动将被纳入同样的公式进行处理，因此，将没有什么是不能确定的，未来和过去都将展现在他眼前。[2]

有人欢呼，有人谩骂。100年来，这个宣言代表了决定论物理学的宏大图景,它的冲击力直到量子力学和庞加莱的工作出现才被减缓。尽管拉普拉斯表述的决定论在数学上和涉及的经典物理上同样是正确的,几乎所有的物理系统很快就变成现时所说的**混沌**了。在混沌系统中,“初始条件的敏感性”使得预言变得无意义,结果,由于描述初始状态的极小的误差被迅速放大而导致预报失效。(一只蝴蝶在亚马孙河上扇动它的翅膀,会在威斯康星州引起飓风,这是一个生动的假想的例子,随后这种敏感性有时被归结为“蝴蝶效应”。)

拉普拉斯的看法是基于牛顿用微分方程来表述的物理定律,它是把物理的成就借助于数学的一种例证,不言而喻,这种解释方案是有局限性的。为了产生预言,必须对微分方程附加初始条件,这些条件不是由物理或者数学而是由历史来提供的。因此,即使在最严格的科学描述中,宇宙的进程也存有偶然的要素。[3]

20世纪的数学物理学与早先的区别在于,有更多的数学领域与物理学相关。从牛顿时代起直到19世纪末,在物理中使用的仅有初等代数、欧几里得几何与古典分析,但是爱因斯坦的广义相对论是用微分几何语言来表述的,这是一种由高斯与黎曼创立的将分析与几何强有力的结合。量子力学的诞生带来分析的一种很强的推广,即泛函分析与抽象代数在物理中的大量使用,量子场论还用到测度论(由积分生长出来的)和抽象概率论,而且最近还用上了纽结理论。伴随数学的这些更深奥的领域的加入,现时所说的“数学物理学”同“理论物理学”变得有区别了,两者开始分家了。同时,物理的每一个领域都有在分家的这两个方面的人参加,那些认为自己是数学物理学家的学者更注意从物理理论中产生的纯数学问题,而从事理论物理学的则不。后面我要给出这两群人不同注重点的一些例子。

数学物理学的用途与目的

我们的基本粒子理论全都建立在量子场论之上,这是数学物理学的一块沃土,在这里数学的使用是双重的。第一,数学的抽象领域被广泛应用于理论的表述,出于对对称的数学化的要求,群论成为被广泛和有力使用着的一个分支,最近又形成了另一门微分几何的部分。第二,严格的数学用于回答当给定的理论被表达为方程的形式时是否有数学意义。被提出的方程有解么? 它是否有多于一个的解? 这些解的性质是什么? 这些解怎样用实际的数值计算构造出来以便可以同实验数据作比较? 有时,例如在弦场论(string field theory)的情形,这些讨论会导致深刻的新的数学的发展,甚至建造出全新的数学领域。找寻一种把基本粒子的量子场论与引力联合起来的自洽的理论,是当前数学物理学面临的最大挑战,为满足这种需要,新的数学概念不断被提出来。有些数学物理学家甚至希望能够最终证明仅能有一种自洽理论囊括自然界的所有的基本作用力,即"万物至理"(Theory of Everything),从而证明爱因斯坦所言"上帝在他考虑如何建造宇宙时是没有选择的",因为任何别的方案都是数学上自相矛盾的,实际上是不可想象的。

举例来说,在量子电动力学(QED)中,我们面对着一个未解的难题:一方面,这个理论产生了实验数据与计算结果的前所未有的符合,该计算结果是基于以明确定义的近似方案求解控制电子与光子相互作用的QED的复杂的相对论场方程得到的;另一方面,40年来,所有想实际地证明这些方程有解的尝试都失败了。假如QED的方程得到了一个"无解"的证明(有迹象表明可能),则数学物理学的任务就是要告诉我们,如果它不是方程的解,那么计算出来的是什么,为什么会与大自然如此奇迹般地相符合? 构成这些方程的解的概念,将必须重新适当地予以定义。

这些例子使我们不得不问,数学物理学的目的到底是什么。让我直截了当地说:有些物理学家对在科学中过多地使用数学是抱有敌意或者至少是厌恶的。德国物理学家、诺贝尔奖获得者勒纳(Philipp Lenard)和斯塔克(Johannes Stark),在19世纪20年代曾攻击爱因斯坦和他的相对论是一种犹太人思想的派生物,这样近乎疯狂的例子我且不说,而科学家,不论是实验家还是理论家,都不认为抽象的表述有更值得尊敬的理由。早年的法拉第是一个重要的例子。许多物理学家不满意于直接地用基于方程的解来解释观察到的现象,而去寻求直观的和物理的说明,他们瞧不起不能提供这种说明的理论家们。

甚至在大学讲授一部标准的研究生电磁学教材中,也会出现反对过分的数学化方法的例子:当讨论一个偏微分方程组,例如带有给定的边界条件的麦克斯韦方程时,标准的步骤是求解,假如它实际上有一个解,那么还力图去确定什么呢?一些物理教师采取的态度是这样的,数学问题是无意义的,因为最终我们知道有一个解:只要看看这世界就知道。但按照这种观点,我们会失去要点,再不相信真正能用一组方程描述大自然的理论。如果我们发现一个给定的方程组没有基于实验证据的预期的解,并不是自然界出了问题,而是理论出了问题。

相对论的量子场论和多粒子系统的量子理论使这一问题变得尖锐了。如早先提到的,在前一情况,我们可能必须重新表述QED方程的解的意义。对多粒子系统的情况,采用将问题转化为在20世纪60年代出现的、非相对论的量子力学中"物质稳定性"的证明。如果有些物理学家如释重负地松一口气,并不是因为他们害怕物质可能不是稳定的,而是他们担心量子力学可能经不起检验。

物理学中的数学过多么?

物理学的数学化过多的另一理由是它的**贫乏**。对理论进行严格的数学研究意味着什么？为了得到实验上可验证的预言,不论用什么方法我们必须作出近似,此即物理学精髓之所在,这一点几乎是不变的。进而,有一种主张说,所有的物理学中的重大进展都是由"物理直觉"、而不是由数学的严格与万能造成的。这种态度,可能比别的态度更足以区分理论物理学家和数学物理学家。让我来分别简要地考察这两种观点。

对于第一种观点,在当今物理学中确实是这样的,几乎是所有的计算都是为了把理论预言同实验结果相比较,都是用近似的方法而很少用严格的数学。唯象类的理论家具有的优越性是,他们可沿着早先数学物理学家为他们获得的可验证的结果徐徐前进,他们一直是这样做的。然而,在许多例子中还存在这样一种不可抗拒的事实,即所谓的"近似"可以完全不是对理论的方程解的真实近似。这可能是作者构思出的对方程的直觉图像;被认为是"很好的近似"的唯一理由是它与实验观察的近似符合。还没有一个方法以互补方式告诉我们这类"成功"是否来自此种情况:理论与作者的图像是两者都对还是两者都错,实际上,除非存在对在恰当意义下近似一个方程解的完全的数学证明。对这种情况,我们返回来提出一个数学问题。

从给定理论以有用的"近似"方案可以得到一个实验上可验证的预言,尽管严格数学对它可能是无用的;但是对于确定理论或求解方法在数学上是否可行,如不可行建议一个新的方法,严格数学则要有用得多。对三粒子薛定谔方程的处理恰好如此。数学物理学家证明该方法用于两粒子问题十分成功,但对三个或更多的粒子就靠不住了,因而俄国的法杰耶夫(Ludwig Faddeev)导出了一个新的方程组。这些法杰耶夫方程及其推广和扩充目前是对量子力学少体问题的首选研究方法。

关于第二点,无可置疑,是"物理直觉"而不是数学严格导致了大多数重要进展,主要的例子是卢瑟福、费米(Fermi)和早期的爱因斯坦。在相对论洛伦兹变换的引进中,庞加莱是爱因斯坦的先行者,但是他在理解与开拓这一数学变换的物理内涵方面够不上一个物理学家。(那些在物理学上工作的贬低数学家价值的人,常用这个例子显示由于缺少物理直觉不能使其工作获得充分的意义。)然而,这一真理并不是普遍适用的,麦克斯韦和狄拉克都不是由物理直觉发现他们的方程的。前者构想了一个与物理没有多少关系后来被抛弃的精巧模型,后者大半凭自己的美感来引导。

最好记住这样的事实,通常我们所说的"物理直觉"乃基于一种特殊的数学技巧。在费恩曼的所有对物理学的贡献中,最值得记住的是他发明的**费恩曼图**(见图6)。在量子场论中,特别在QED中,我们最直观的图景是他对粒子(如电子)运动及其被别的粒子(如光子)的发射和吸收或者产生成对粒子和反粒子的图示。无论是针对物理学家还是非科学家,还没有一本关于现代量子场论的书,没有把真空解释为"假想的"粒子不断产生与湮灭、成对粒子的产生等等的炉子,这种想象的来源就是费恩曼图。所有这些有力的想象仅仅是用图来代表一种解场方程的特别方法,即摄动理论(逐次逼近,在理论中考虑进小而又小的项),甚至这些图还可以作为对上述步骤的调整。当我们知道了如何不借助于这样那样的摄动级数去求解量子场论的非线性方程时,我们就不必求助于这些图。(事实上,对"强耦合"理论,其中逐次项不变得越来越小,即除了低能QED的全部场理论,它们确实是完全无意义的。)物理学家们带启发性地使用费恩曼图和大半基于他们的物理直觉完全是一回事。

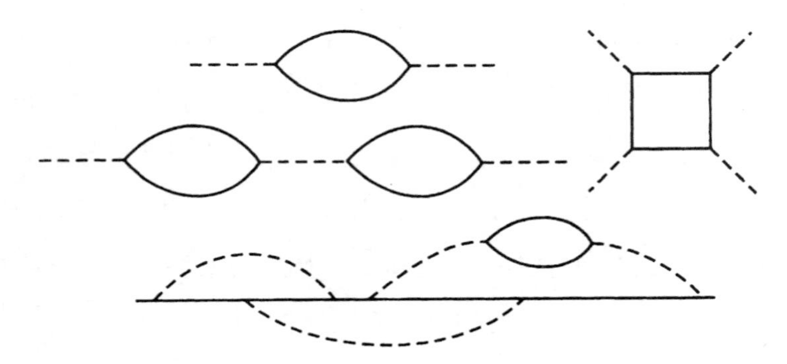

图6 光子产生电子正电子对、电子或正电子产生虚光子的费恩曼图。虚线表示光子,实线表示电子或正电子。

庞加莱对在物理学中追求数学的严格性,提出了另一个充足的理由。他问道:"在什么条件下运用假设没有危险呢?"

> 把坚实的确定诉诸实验是不够的,假设一直是有危险性的,尤其是,那些显然的和无意识的假设。既然我们作假设时没有意识到它们,我们就无力摆脱它们。于是,数学物理学又一次服务于我们。借助于它的精确性,这是它的特点,它迫使我们表述全部假设,这些假设我们本来应当不用的,不过是无意识的。[4]

换句话说,明确地陈述全部假定并且在这些假定之下证明定理,这是现代严格数学的一个特点,应用它的严密方法可以把那些不言而喻的假定混入理论和它的实验验证的可能性减到最小。

计算机的影响

自从第二次世界大战以来,一种强有力的新工具(电子计算机)被引进科学与数学中来了。由于使用这种快速的大规模的计算机器,使得以前难于处理的方程可能求解,这种新的设备改变了科学以及数学的领域并打开了高效研究的道路。即使如此,计算机能给出决定性的证明也是罕见的,它通常对新的成果提供丰富的线索并刺激新的想法。

以前接触过的非线性微分方程的研究就是这种情况。经典力学的方程几乎总是非线性的,从而在实际上是难以处理的,只拥有少数用手可以数值计算的或定性易懂的非常特殊的解。庞加莱是对此有充分认识并且去证明大多数经典粒子系统会演变到混沌的第一个人。[5]同时,电磁学的麦克斯韦方程与那些量子力学的方程都是线性的,这一情况使数学物理学家专注于线性现象近一个世纪。出于同样原因,数学家们集中主要精力于线性方程而没有关心更大量的非线性方程领域。

当计算机引进非线性动力学方程的研究后情况变了,借助于它们,混沌的几乎普遍的发展在数值上是可实现的。结果,数学物理学家重又关注的一个肥沃的非线性现象研究领域浮现出来了,这种关注引起了真正的数学研究,而不仅限于数值研究。例如,数学家科尔莫戈罗夫(A. N. Kolmogorov)、阿诺德(V. I. Arnold)与莫泽(J. Moser)揭示了一般非线性动力系统两类解的界限是不分明的,即少数"规则"解与那些"混沌"[6]解之间的界限是令人惊异地模糊:当参量从被理解为拟周期的也即"规则"系统的值变化时,这种系统不管从可能怎样的初始条件出发解都并不立刻转化为混沌,而对参量做的有限范围保持其光滑地可预言的特点,直到它最后不管对什么初始条件都落入混沌。他们的结果变成了数值计算的重要指导。

作为计算机发展的直接后果,拉格朗日曾经用他新创的线性摄动理论回答过的太阳系稳定性问题,可以不使用线性方法重新研究。借助于大型计算机,目前可以很方便地对行星和它们的卫星在数百万年之后的预言进行校核,而且发现地球自转轴方向的稳定性只是在有月球[7]的条件下才是稳定的,这是一个完全基于数值计算而不是分析得到的迷人的结果。

计算机对数学物理学发展的最直接的影响,可以用晶格振子间的非线性相互作用效应的研究作为范例,该项研究现称为费米-帕斯塔-乌拉姆(Fermi-Pasta-Ulam)问题。由计算机对这个问题得到的解引起了人们的惊奇和对其他非线性问题数值计算的更大的兴趣,例如对KdV方程,它导致孤子的发现(在前面第三章中提到过)。在其他许多非线性方程中也发现了类似的结果,由数值研究激起的对这些非线性方程的数学分析,导致了应用数学的扩展以及诸如等离子物理学、生物物理学、非线性光学等众多自然现象的解释。因此电子计算机在数学中的作用如同物理学中的实验装置一样,它通过提出一种需要解释的意外的数学结果引出新的思想方向。不过这种解释并不能由计算机来完成,它要求数学分析。即使靠现有的最有威力的计算机的帮助,数学物理学家迄今仍然不能攻克具有很大实际意义的强非线性现象的阻挡,例如湍流。

数学的本性之关联

数学无疑是一种强有力的计算工具和抽象概念的方便语言,但它的作用比这还要大。爱因斯坦甚至宣称:"[科学的]创造原则属于数学。"[8] 如果数学不能告诉我们关于自然界的任何事实,实际上它确实不能,那么它对科学为什么还是如此珍贵的呢? 庞加莱的看法是通向答案的第一步:科学的最大客观价值在于发现,不是发现事物或事实,而是它们之间的**关系**。"感觉是不可传递的。……但是感觉之间的关系就不是这样。……科学……是一种关系的系统……在且仅在关系之中,客观性才能被找到。"[9] 数学是对**关系的描述及其逻辑开拓**的最合适的工具。物理学家不用它(而是数字)描述实验事实,但用它处理这些事实之间的关系,即理论。数学"仅仅是一种工具,借助于它我们用一个事实的集合解释另一集合”，温伯格写道，“而且是我们表达解释的语言”。[10]数学的威力在于它在处理庞大的事物、概念与思想之间联系的多功能。因而我不能同意齐曼的观点，他说：“物理学是一门**致力于发现、发展和深入分析那些服从数学分析的实在的观念的科学**。”[11]物理学处理观念与实在之间的关系，而这些关系总是服从数学分析的。一旦有一类新的关系看上去不能纳入这种处理的时候，总是有一种新的数学分支被发现(或者被发明)以适应这种情况。

然而，我们一直还没有讨论为什么多数数学分支常常以无关应用的思想来发展，而后来却对科学特别是对物理学有如此价值。“在自然科学中数学的巨大应用有点介于神秘的边界，……对此还没有合理的解释。”[12]维格纳敬畏地说。为了去解开那种神秘，首先我们必须去看看数学的本性。

许多学者把证明一个新定理看作对某些已独立存在的事情的**发现**，数学家不是发明，它们的结构而是发现了它们。这一学派称为**柏拉图主义**，在学问上已经有很长的历史，而且许多最伟大的数学家都是它的信奉者。其中有些人从柏拉图主义中得到对他们工作的巨大鼓舞，当知道你达到了一种深入的洞察力时是很兴奋的，你已经发现了关于宇宙知识的一个片断，当然，这里的宇宙不是感觉的外部世界，而是柏拉图的概念王国与永恒真理。按照这种观点，数学家的工作与实验物理学家的工作是十分相似的，不同的是它作用的场合不是对科学家的大自然而是永恒的理念世界。英国数学家哈代(G. H. Hardy)写道：“我相信数学的实在对我们是外在的，我们的职能是去发现或观察它，而我们证明的定理我们把它夸耀为我们的‘创造’，实际上不过是我们观察的注记。”[13]

柏拉图观点最为有说服力的数学分支是数论，它研究的乃是数学最基本的实体自然数——整数。很难相信整数是人类的发明，甚至在半人马座的外星文明中，它们也必将同样得到应用，例如，关于素数的定理必定是数学家**发现**的独立的存在。"整数是上帝造出的；其余的都是人的事。"德国数学家克罗内克(Leopold Kronecker)这样宣称，他遵从他导向**直觉主义**[14]的主张的第二部分的格言。

对于直觉主义者而言，数学家是建筑师和工程师而不是勘探者；他们的定理是他们自己制造的，而且他们所用的工具相应地只限于适合建造。他们决不用间接推理，例如通过证明其否命题会导向矛盾的办法去证明一个命题。在20世纪初叶，数学思想的直觉主义学派变得颇有影响而且拥有数目可观的信奉者。它也有激烈的敌人，这些人主张，必须承认有相当数量重要的数学定理，其证明用的方法的有效性是直觉主义者所拒绝的。直觉主义者"试图去打碎和毁坏数学"，希尔伯特[15](Divid Hilbert)这样悲痛地抱怨说。例如，关于无限多个素数的经典证明是间接的：假定它们的数目有限就会导致一个矛盾。直觉主义者拒绝这个证明的有效性，而只接受直接的构造性的证明。

什么是证明?

现在看来"什么是数学的本性"不是一个无关紧要的问题；它的回答可能在数学的内外都产生深远的影响，同时还会提出相关的问题"什么构成证明"。正像我们所了解的，数学起源于古希腊文明；在那里，也仅仅在那里，我们才找到"命题的颠扑不破的**证明**"这种想法。毕达哥拉斯(Pythagoras)的许多定理都是巴比伦人与埃及人知道的，已被他们大量应用于实际的土地管理中，因为这些定理使他们可以用几根弦去构成直角。但是他们一直没有想到提出一种普遍的证明，对其有效性的证明会被任何一个深入思考的有知识的人所接受，这种要求形成了全部现代数学的基础。

如果没有基于证明之上的数学,现代科学是可能的么？天文学家巴罗(John Barrow)在一本有趣的书《天空中的π》中,虚构了一个关于美国航空航天局(NASA)长期与高度发达的伴有极高科技水平的外星文明打交道的故事。地球上的数学家们焦急地等待着这种文明必然产生的强有力的数学结果。确实,外星人知道我们数学书中的全部定理而且知道得更多,但是他们所称为的数学不是我们使用的名称,他们根本不建立**证明**这一概念,而且借助于他们十分快与强有力的计算机直接考察大量的特殊情况,如果什么事情都核对无误,就建立了一个"定理"。因为他们把数学看作科学的一个分支,在科学中大量的正确的预言被确立为一种理论,所以与计算机计算的结果符合可以提供定理正确性的必要证据;如果发现了定理失效的例子,就将它如同被抛弃的理论一笔勾销了事。他们的某些哲学家有时对一劳永逸地这种确立定理的正确性的办法感到奇怪,但是他们并不在意,因为数学家们理解到这种办法可能是十分费时的,害怕放慢他们的进度。如果没有古希腊的数学的话,有可能我们的数学也是这样。

今天,一种无处不在的破坏性的紧张,将数学分为**应用**数学与**纯粹**数学两大阵营。因为应用数学家不同于纯粹数学家,他们常常不需要那么有说服力与严格的证明,他们有时瞧不起他们的纯粹数学同行,要求他们手下的兄弟不要去**证明**他们的命题。然而,既然应用数学家得到的结果很可能更直接地用于科学,他们是否就是巴罗的外星人的模型呢?

在回答我们开头提出的问题时,我首先要指出巴罗的故事很令人难以置信。用计算机计算来校核定理的想法对于数论领域听起来可能是合理的,在那里计算机只要直接检验命题对某个十分大的数的真实性。然而对数学的其余部分,特别是对处理不可数的函数性质的分析来说,这个办法自然是有疑问的。但是巴罗的故事之所以不可信,主要是因为许多数学分支有它们的思想上的起源,这些思想是由看上去毫无关系的定理的漫长与艰苦的证明中引出的。数学家们给富有成效的包含**新思想**的证明以很高评价,他们看不上那些平白直接的演示性的,如果说复杂,也只是在逻辑步骤上的证明。不过,一门缺少证明的数学能发展成为丰富的变化的思想知识领域是极其不可能的,我想大多数应用数学家,甚至是那些被他们的同行的严格证明所苦恼的应用数学家,也会同意这一点。[16]用不太严格的方法证明的定理,随后有时会发现在原来的形式下是错误的,这时通常意味着仅当在比以前想的更为狭窄的假设下才是对的。此种意料之外的例外情形的发现,经常会导向新的概念,打开新的领域。

庞加莱给我们一个前面引用过的附加的理由,以确信一门没有真正的证明的数学将对科学提供贫乏的结构:亦即,精确要求列出证明一个定理所需要的全部假设,对科学来说,是一个十分有用的、阻止无意识的假设从入口悄悄进入理论的守卫者。由于所有的这些理由,我坚信,如果没有今天这种要求对其命题一般证明的数学、而代之以纯粹对特例验证的数学,现代科学就可能不会如此高度发达。

数学的威力从何处来?

然而,我们还远没有解释我们的问题,为什么数学家们工作时并没有想到对现实世界应用,而几乎他们的所有成果总能找到应用?一个回答来自那些人,他们把自己的工作看作生物进化成果的人类心智的发明,这种观点是前述直觉主义学派的奠基者荷兰数学家布劳威尔(Luitzen Brouwer)所持的。对这一学派的后继者而言,这种说法是没有实际问题的。如果数学是我们头脑在它演化中发展的一种产品,则那头脑,包括数学,可以预期会对它的环境(即自然界)作自动适应。这种理由没有说服我,因为想象自然界影响了人类心智的那部分是寓理论于其中的很小的一部分,数学语言是被设计出来去解释它的。为了确信数学用于表述弦理论与广义相对论是人类心智演化的自然结果,我们需要头脑被很高能级的粒子物理或比地球上强得多的引力场影响的证据。从演化压力下的自然界到数学想象力的飞翔,这种看法要跨跃的距离实在是太大了,无法使人信服。

在我看来,戴森是最接近揭开数学"异乎常理的有效性"之谜的人。在援引奥地利物理学家马赫(Ernst Mach)敏锐地指出"数学的威力在于它回避所有的不必要的思想和对思维操作的异常节约"之后,他评论说:"物理学家用数学材料来建造理论,因为**数学能够使他比单靠思考想象得更多**。"他继续解释道:

> 物理学家的艺术是去选择材料并用它建造一个自然界的图景,这些材料对其目的是否适当,只有模糊的直觉的而不是理智的了解。在理论的设计完成后,理智的批评和实验的检验将表明它科学上是否合理。在理论的建造过程中,数学的直觉是不可缺少的,因为"回避不必要的思考"给想象力以自由。[17]

但戴森还立即发出一个警告,在那些不相信过多数学的物理学家中产生了回响:"数学直觉是危险的,因为在许多情况下,科学对认识的要求不是回避思考而是思考。"

归根结底,我相信数学的成果与思想对科学的有用与威力在于它自身,并不十分神秘。大自然之谜的解开要求人类全部能集中起来的知识力量,可能还要要求更多。因而手头的全部逻辑工具必然是有益的,而这些工具中最强有力的是数学。不仅如同伽利略所想,数学是自然界自己的语言,因而需要我们学习这语言去领悟每一个难以掌握的规则与用法，而且，对合理认识事物之间的关系来说，**数学**是我们最有效、最锐利的工具。如果数学家以极大的智巧建造好了包含又长又艰深思想的精巧结构，如果他们设计出适于达到他们结论的概念，那么科学家们就会十分喜欢去应用这一“对思维操作的异常节约”。假如没有呢，科学家们自己建造这些结构，或者至少建立其骨架，而将把肉留给数学家们。狄拉克在必要时发明或者说发现了他需要的数学，他所谓的δ函数是一个例子，这个概念对物理学十分有用和高效，但最早为数学家们嘲笑而后又认为数学上是合理的。总之，**数学起一组极其高效的思维捷径的作用**。

在本章开头提到的群论，可以作为被数学家实现的思考经济的一个例证。当代物理理论的许多重要的预言，是在这些理论中存在对称的结果，即在通常的空间和时间或更为抽象的空间中的对称。它们的数学表述及其结果被汇集于由伽罗瓦开创的一门代数的分支、群论的概念与定理之中。令人信服的是，最后的预言不用群论的概念和结果也可以作出；然而，要做到这一点，至少要耗费更多的时间与努力。并不是自然界自身要利用群论，而是我们人类需要这一宝贵的思维拐杖去认识自然。数学并非埋入实在构架之中，而是我们需要借助它的力量去深入和描述实在。

但是，我必须声明我的论据并不是对以下使人迷惑的问题的完全回答：为什么几乎全部数学结构，甚至那些纯粹是为了可赞美的建筑而建造的结构，最后都变成对物理学有用的工具？几乎所有人都会像爱因斯坦那样，把它归因于莱布尼兹意义上的在我们的思想过程与自然界之间的“前定和谐”(pre-established harmony)。

注释:

1. Poincaré, *The Foundations of Science*, p. 130.

2. Laplace, *Essai sur les probabilités*, p. 4.

3. 第四章提到一些论点,据说能够从宇宙演化方程和"大爆炸"奇点存在的特性推出宇宙的初始状态,除非这些论点是正确的。

4. Poincaré, *The Foundations of Science*, p. 134.

5. 从而带来一个有趣的故事。庞加莱因一篇关于天体力学的论文赢得了瑞典国王的奖金后,他在其论著发现了一个错误,修正这个错误促使他发现了如今所称的混沌行为。由于他无法及时弥补这个错误,他于是把全部奖金用于购回含有他那篇出错论文的那期杂志。见Diacu and Holmes, *Celestial Encounters*。

6. 这里更为准确的词是**遍历的**。

7. Laskar, "Large scale chaos and marginal stability in the solar system".

8. Einstein, *Ideas and Opinions*, p. 274.

9. Poincaré, *The Foundations of Science*, pp. 348–349.

10. Weinberg, *Dreams of a Final Theory*, p. 56.

11. Ziman, *Reliable Knowledge*;强调字体示原文中的斜体字。

12. Wigner, "The unreasonable effectiveness of mathematics in the natural sciences", p. 223.

13. Hardy, *A Mathematician's Apology*, pp. 123–124.

14. "直觉主义"得名于相信**数**的概念乃基于直接的人类直觉,且不可约化。这与Bertrand Russell 和Alfred North Whitehead的思想相反,他们想把那个概念建立于逻辑和集合论之上。

15. Hilbert, *Gesammelte Abhandlungen*, vol. 3, p. 159.

16. 数学严格性标准的问题,如第二章所述,在数学内部颇有争议,并受历史渊源的影响。

17. Dyson, "*Mathematics in the physical sciences*", p. 106;强调之处为引者所加。

第八章

因果性、决定论和概率

恰如一个小孩子想了解是什么原因使她的玩具运转，摆弄一部分看看另一部分怎样，物理学家在他的实验室里，也是如此寻求对大自然的认识，他们以触动大自然的一部分看另一部分的反应来有效地进行实验。在科学中我们总是去找寻因果关系。如果说科学家的主要动机是寻求解释，那么在亚里士多德之前，原因就已经是主要的解释原则。

动力因

亚里士多德哲学提出了四种原因：**动力因**、**目的因**、**质料因**和**形式因**，最后两类现在已经过时了。我们不再把钢和玻璃当作望远镜的一种（质料的）原因，我们也不把动量守恒设想为车辆坠毁的（形式的）原因。直至19世纪，生物分类学的目的是去发现在观察到的生命多样性的背后存在的理想的柏拉图结构，从而揭示其形式因。放弃亚里士多德的目的因，直接指向一种目标，还是很近的事，不过它对人们想象力的约束还是相当厉害的。在19世纪前甚至有一种进化论，致力于以大自然努力达到完美，即以目的因来解释自然界的历史。达尔文的革命性理论把形式因和目的因换以一种动力因：自然选择。只有动力因，和它们的历史传人,才对我们今天有实际的意义。

动力因的威力在于它们具有**迫使**它们的结果发生的能力;它们似乎是努力达到一种在拟人的意义上展示它们的力量,比如通过爱和恨,就像阿克拉噶斯的恩培多克勒(Empedocles of Acragas)所说到的那样,正是他开始了这种因果观念。(他是传说中的毕达哥拉斯派的哲学家,为了演示他的不朽,据说他跳进了埃特纳的火山口。)这一观念毫无疑问对牛顿运动定律的表述是有影响的,该定律很大程度上依托于力的概念,把它作为加速度的动力因。它还依托于遭到普遍哲学反抗的他的万有引力概念,是一种被描述为超距作用的力,它无需媒介便可传递因果作用。

亚里士多德的动力因概念在与科学相联系时,被休谟有力地推翻了,他令人信服地指出,即使观察到原因和结果之间的关系也不能必然地得出存在一种驱动力,或者存在一种在原因和结果之间**必然**联系的结论;所有可能观察到的是两者之间的一种持续关联。在纯粹经验的范围内,说A引起B无非是指只要A发生了B就产生。但是,对康德来说,这一激进命题的出现是对科学的腐蚀,他认为,因果次序被一种普遍的规律所支配是非常重要的。为了从休谟的怀疑论中拯救科学,他的认识论把因果性作为理性思考的范畴,而不必是大自然固有的性质,但是对认识大自然是不可缺少的方法。在康德之后一个半世纪,波普尔写道:“否认因果性,将无疑是要劝说那些物理学家放弃追求。”[1]科学的洞察力在一定形式上要求因果性概念,这在休谟对亚里士多德动力因的破坏中幸存了下来。在本章内,我要通过近200年来的兴衰,追溯因果性观念在科学中的应用,以其在量子理论中激荡的命运作为结束。

现今大多数无疑站在休谟一边的物理学家不承认任何亚里士多德意义下的动力因,不过,当进一步追问,在他们寻求一种解释时,他们要找的是比某种持续关联更多的东西,以一种现代的弱化形式,就是统计关联。许多当代的涉及生态现象或医学现象的争论,例如吸烟和肺癌之间的联系,都说明纯粹的关联是多么令人难以信服。物理学与天文学乃至生物学的大部分相比,其一大优势是靠实验建立的因果性比纯靠观察有说服力得多。最终,我们直至在一种或另一种意义上找到造成因果联系的机制才往往满意。当我们说我们了解一群自然现象时,爱因斯坦对其含义的解释是"我们已经发现了包含它们的一种建构的理论",这表示对他来说,理解意味着发现了一种包含机制的原因;"原理之理论",可能被认为提供了亚里士多德意义下的形式因,但没有引向真正的理解。

我们怎样由实验来建立A引起B? 扼要地说,我们启动A,然后看B是否发生。但是如果在一段时间中我们规则地开启A,而B也同样规则地产生,也可能B自身正好要在那些时刻产生。为了排除这样的偶然符合,我们必须有意地变化A的启动(或者采用一种类似于轮盘赌转盘的随机装置)。只有这样,我们才能确认A和B之间的这种关联不是偶然的。关键在于,A的次数(与性质)要**受我们的控制**,这很重要。

被动观察和主动实验之间的分界线有时并不是清晰的。例如在高能物理学实验中,基本粒子和它们的能量是被实验者选择的,他们还要设计仪器的性质和配置,以便去检测粒子之间碰撞的产物。然而,实验的控制到此为止。因为某些粒子是马上产生的,而另一些则是在二次碰撞或衰变中产生的,对导向最终产物的中间步骤的控制细节还是一种空缺。对于这种情况实验者常常求助于用"蒙特卡罗"程序的计算机仿真,它用随机选择数据来造成一种模型,在缺少可选原因时去查看检测器可能的反应。[2]

假如我们生活在一个完全确定性的世界里,是否我们以为的控制都是虚幻的? 在这种世界里,一种因果关系不可能被明确建立。如果**所有事情**的进行都像时钟一样永恒,说A引起B是没有意义的,因为这里的先决条件是，存在一种可能：A可能没有发生。我们没有办法识别这只时钟是外部控制的还是自推动的，我们永远不能发现我们是不是傀儡或机器人。这种世界只能产生一种历史，仅当我们显得**似乎**我们对原因有了起码的控制时，科学才可能发挥功能。

时间延迟

原因和结果之间关系的一个重要性质，是它们之间的时间延迟。尽管这一时间间隔可以是觉察不到的小，我们都知道，结果从不能发生在原因之前。问题是，结果跟随它的原因是**由于定义**呢，还是我们从经验得知的大自然的一种事实？某些心灵学家声称存在预知(precognition)，声称这是由实验确立了的，结果可以比它的原因超前。他们的演示设置如同我们前述：A由我们的自由意志或随机装置所控制——苏姗掷了两枚骰子——结果和B完全关联——彼得写下了骰子的结果——只是B出现在A的前面。不过这一实验是错误的，不可信的，既然其中没有**逻辑的**不一致性，我们不得不说结果永不在原因的前头是一种**经验**。原因和结果的时间次序是一种大自然的事实，而不是逻辑的必需。

事实上，假如有某些种类的结果出现在它们的原因之前，即预知是可能的，将会发生什么后果？在这种情形，我们可能送一个信号给我们自己的过去：事件A在时刻t_1引起一个稍后时刻t_2的事件B，而这一事件的发生导致时刻t_3的事件C，t_3在t_1之前，并对A有可以作为原因的影响。这种情形，有时称为**因果循环**。现在想象事件C是阻止A发生的[3]，即它引爆了炸弹去破坏产生A的建筑物。于是，A可能不会发生，所以就不会有B和C，而这就会导致A再发生。是否我们陷入了一种**逻辑**矛盾，说明预知是自相矛盾的？没有，因为每一次我们打算由A启动这一循环时，它都将不起作用，启动器按不动。但是，这种另外工作机制的一致性失效，违背我们所有的经验，它再一次说明摆在我们面前的因果循环，与其说和逻辑相矛盾，不如说是否定了我们大部分经验。

我想强调，说因果关系的时间次序是一种经验，完全不意味着有理由去怀疑它的普遍性。因为我们有这样大量的经验证据，说明结果从不会在其原因之前，我们可以把这一点看作一种充分确证了的事实，用它来定义自然界中的时间箭头。[4]

那么，什么是时间？它是一种幻觉么，没有它，物理学还照样运转得好么？即使这样，还是有科学家想象一种无时间的（并非静态的！）宇宙，它的全部历史将一下就摆在我们面前，时间概念是全部物理科学至关紧要的要素。科学解释和知识的真正的观念，乃基于发现因果性和因果次序的实验基础之上。科学定律以数学方式表达为关于时间的微分方程形式不是一种意外事件：它们构成了这样一种观念，一个普遍的理论，是根据此前或此后发生的事，对**现在**发生的事进行解释的。按照因果的时间次序，我们通常在**初始**情况的基础上解这种方程，从而把定律转换为假定的、从过去到未来流动的历史描述。

因果性在经典物理中的运用

在具体科学的范围内，和更多的哲学努力相反，时间箭头的运用具有有意义的结果。在物理学中有专门的例子，其中，因果性相关论证在从理论方程的所有可能的解选择一种正确的结果中起着重要的作用。让我来描述一个突出的例子。

运动带电粒子与其他粒子相互作用，连同它们产生和作用的电磁场，是被麦克斯韦-洛伦兹方程所经典描述的。这些是偏微分方程，它们的解要求给定的边界条件和初始条件，这些条件规定了场在所考虑区域边界的情况以及它们初始状况。然后考虑确定一个带电点粒子电磁场的数学问题,该点粒子沿着规定的轨道以给定的变速度运动。在这种情况下,麦克斯韦方程有无穷多解,但是习惯上运用因果性论证选择物理上有意义的一个解。如果我们假定在粒子运动之前,场仅是静止点电荷产生的静电场,其随距离的减小为距离平方的倒数,这个场在运动开始后就是唯一确定的。这样,选择一个所谓的**延迟**解,因为在任何给定点P于时刻t由带电粒子在早先时刻的加速度所确定,其关于时间t的延迟取决于由光线从粒子所在位置到点P沿直线传播所需的时间长度。既然它具有很好的因果意义,这一"延迟场"被当作在物理上可接受的仅有的解,从而它导致运动电荷**发出**从电荷传播出来的电磁辐射的结论。没有因果性论证,解就不能唯一地确定。确实,还有一种**超前解**,它以向电荷传播辐射为特征;在这一情形下,辐射甚至在粒子开始运动之前就出现了,它取决于**稍后**时刻粒子的加速度。

如同在统计力学中热力学第二定律的情形,这里把因果性论证应用于辐射的定义,引进了一种**不可逆性**要素。从一个打开的瓶子进入真空的气体分子不可能返回去,因为这要求它们的位置和动量必须以一种实际上不可能实现的精度来控制。类似地,到达一个有一段距离的闭曲面的辐射,发出的电荷实际上不可能回聚于一点,因为在不同距离的位置上波的精确值,由于相互作用达到一定的程度使之不可能精确地产生。如同从一只打开口的瓶子中逃出的气体,发出的辐射也是不可逆过程。

大约50年以前,费恩曼和惠勒提出了一种创造性的理论,它利用延迟解和超前解的一种对称组合来代替单独的麦克斯韦方程的延迟解。这一理论要求在宇宙的边界上存在一个巨大的吸引物,它吸收到达它的一半辐射,其净结果和传统理论的一样。它的主要优点在于,以违反直觉为代价,它避免了通常的因果性论证,不过在物理学家中还没多少人接受它。

因果性概念的另一种有重要结果的应用发生在相对论中。**洛伦兹变换**是关于一个参考系在另一参考系中以常速运动时，空间坐标和时钟时刻的关系，爱因斯坦导出它是基于以下两条假设：(1)相对性原理，即在所有惯性参考系中物理学定律具有相同的形式[5]，没有绝对静止的实验室；(2)光速的不变性，即光速在所有的这种实验室中都是相同的。

这一变换的结果之一是，如果一个信号从点A到点B，传播得比光快，则总应当存在另一个参考系，在其中这个信号从B出发到A终止，即信号和B重合的时刻要比它和A重合的时刻要早。这样一来，如果这种**超光速**信号是可能的，则因果关系的时间次序将依赖于观察者的参考系。如果我们把原因永远先于其结果作为一种普遍的经验定律，这就意味着，对一个观察者来说表现为原因的事情对另一个观察者将当作结果，反之亦然，与在我们控制之下的原因的定义相矛盾。设想一个谋杀的指令从史密斯送给琼斯，而另一个观察者将看来是从琼斯到史密斯。谁是凶手？超光速信号还可能用于去送一个消息给你自己的过去，前面描述过的具有不可接受结果的因果循环就可以成立了。[6]因此，爱因斯坦断言超光速信号在物理学上是不可能的。换句话说，根据相对论，以及我们所接受的因果性概念，他能够推断一种十分普遍的对自然的约束：不可能有任何种类比光速运动更快的信号，即没有能量传播、没有信息传递、没有影响传达能够比光速还快。作为这一禁令的一个结果，在相对论性物理学中**因果性**一词有准确的含义：不仅结果跟随其原因，而且如果发生在不同地点的两桩有因果关联的事件，它们之间必然有一个足够长的时滞，以便光信号从一地到达另一地。

在这一意义下，相对论因果性在量子场论中有十分具体的结果。在量子力学中，物理上的可观察量是由**算符**描述的，算符是不必服从数值代数法则$a\times b=b\times a$的数学对象。如果两个可观察量由a和b来表示，具有$a\times b$和$b\times a$不相同的性质，则称它们是**不可对易**的，这种不对易性是海森伯不确定性关系的根本，即由 a 和 b 表示的可观察量不能同时被无限精确地测量。因为这一不确定性可以被解释为一者的测量与对另一者的测量之间的影响，相对论因果性要求这种影响不能比光速传播得快，相对论性量子场论包含一个基本的要求，所有的表示成对的可观察量的变量（包括表示场的数学算符）归结于不同的时刻 t_1 和 t_2，而对相隔距离远于光线在 t_2-t_1 时间所能到达的两个地点必定是对易的。在这一意义下，因果性将一种严格的约束施加到任何相对论性量子场论的结构之上，它可能被提为一种对大自然的潜在的描述；违背这一点的所谓"非局部的"理论，一般都被回避。

决定论和状态定义

决定论学说认为，世界上万事万物都是被它的前面的原因所决定的。这就是拉普拉斯所说的（引文见第七章），一种能了解大自然的所有力的"智者"，"没有什么是不能确定的，未来和过去都将展现在他眼前。"这一把宇宙想象为像时钟一样可以预言的基础是什么？

在19世纪，牛顿的运动方程，在不改变其物理内容的情况下，被爱尔兰数学家哈密顿以简化其分析的方式重新表述。一个粒子系统的哈密顿方程不光处理粒子的位置还有它们的**动量**。和处理粒子位置的牛顿方程不同，哈密顿方程是处理位置和动量的一阶微分方程，能够在给定所有位置和速度的初始条件下得到唯一解。这样一来，如果对一个封闭系统，例如在某个时刻的宇宙，如果我们知道了所有粒子的位置和动量（以及所有其间的力），它们将来所有的时刻都可以被确定。这就是拉普拉斯格言的要点。

表述包含于牛顿运动定律中的决定论的另一种方法是，如果我们知道在某个时刻宇宙的**状态**，该定律允许我们预测它在将来的（或过去的)任何时刻的状态。如果把**状态**归结为所有粒子的位置和动量的组合,则这一方案和拉普拉斯的声言是等价的。(在19世纪晚期,麦克斯韦对这种描述添加了电磁场,它的意思是在宇宙的状态中必须包含电磁场,不过决定论仍是正确的。)因此,**我们所说一个物理系统的状态依赖于描述该系统运动的动力学方程的结构**。

要确定一个系统在给定时刻的状态,我们必须选择最大数目的独立物理参量,它依赖于完全地确定系统的运动方程。如果在一个时刻给定了这些参量,理论的方程能确定它们全部后来的值,这种理论就是决定论的。

在牛顿力学中,如果一群粒子的状态仅由它们的位置决定,则不可能是决定论的,即将来的状态不能为早先的状态所确定。换一种方案,如果我们把加速度包含在状态中,初始状态不能被自由地指定,这是因为运动方程不允许我们独立地选择位置和加速度,即给定粒子的力和初始位置,牛顿方程直接确定了它们的初始加速度。另一方面,设想生活在由亚里士多德力学支配的宇宙中,在其中力决定了所有粒子的**速度**,事实上,如果我们生活在高黏性介质中,我们的世界就将是这样。这时,拉普拉斯决定论还起支配作用,不过宇宙的状态将由所有粒子的位置来给定,而不是由位置和动量一起给定,这是因为亚里士多德运动方程使得动量直接依赖于位置。

因此,一个物理系统的**状态**的观念不应当被看作是直觉上显然的,也不应当被看作是**预先**确定的。经典物理学是决定论的,它具有十分特殊的为它的运动定律所规定的状态概念定义。

量子世界

量子力学最著名的或者说最声名狼藉的性质,是它有目的地放弃决定论。经典定律允许我们无限精确地预测粒子的运动,而量子理论可以给我们的仅仅是概率。一个十分准确且被充分证实了的定律,预测一种辐射的原子核将在任何给定的时间长度内衰变的概率,但是我们不能预测单个的核将如此。听见在一块放射性材料边上盖革计数器的噼剥声,你就听到了它们随机性的证据。这就是因果性在衰变事件中的表现,从而引发爱因斯坦去发表他那著名的抱怨,他不相信上帝在掷骰子。宇宙不遵从拉普拉斯的格言,它毕竟像是一种对某事物的赐福,及对其他事物的不幸。然而事实上,事情要复杂得多。

如果尽量精确地指定一个粒子系统的量子力学状态,则它被它的**态矢量**或**波函数**所描述。[7]在经典状态中选择一个最大数目独立参量的地方,这里被波函数所在的**希尔伯特空间**所取代。在时间进程中,这一波函数的发展服从薛定谔方程,一个类似经典力学中的哈密顿方程的一阶微分方程。如果给了初始时刻的值,这一方程就唯一地确定波函数在将来任何时刻的值。于是,和在经典物理学中一样,如果系统的状态在开始被指定,它任何后来时刻的将来状态就完全被确定,不过量子力学的状态规定不包含像经典状态中那样多的信息。例如,初始状态可能是这样的,可以对所有的粒子精确地给定位置,或者精确地给定动量,而不能位置和动量都精确地给定。后面时刻的状态尽管完全确定了,一般地说,并不允许我们精确地计算位置或动量,它给我们的仅仅是在任一给定位置或任一给定动量时发现粒子的概率。

有人或许有这样的疑问,量子理论禁止从一个系统的状态定义中获得细节,即量子理论“不允许问某些问题”,而人们认为在经典物理学中不禁止任何问题。但是,这种推断是一种误解。如上所述,在牛顿力学中我们也不被允许任意指定一个粒子系统的所有性质:我们不能武断地规定它们的位置和它们的加速度。只不过可以自由给定的物理性质的范围在量子理论中有所不同:在指定粒子的状态时,我们不能像在经典力学中那样,指定任意位置又指定任意动量;但如果我们是生活在亚里士多德的世界里,我们也不能如此。不过,在这一世界里,粒子的位置将精确地确定它的动量,而在量子力学中,给出的仅仅是概率分布。

经典物理学和量子物理学的主要差别不在于物理状态的变化具有怎样的决定性,而在于**状态**一词的含义。当一个系统的状态在经典物理学中给出时,**所有的**动力学变量,例如位置和动量,都有精确的值;当它由量子理论给出时,**某些**值是给定的概率,所以,对这些变量的发展的预测为非因果性的。因此,居于现代物理学中心的量子理论的诠释是基于**概率**的含义之上的,对概率我们现在应当再详细讨论。

概率

概率和统计的观念是19世纪中叶通过统计热力学最早进入科学的,统计热力学是被用来描述一大群原子或分子行为的一门学科。当我们研究诸如液体和气体这些大系统时,我们不关心每一个单个的分子的运动,我们满足于能解释流体所有分子全部的运动效果的平均技术。为了解释统计,吉布斯引进了**系综**(ensemble)的概念,它是系统的一个大量的(原则上是无穷多的)、相同的、各自独立运动的、复制品的集合。系统作为整体处于某一特定状态的概率,就以在这种系综中的分布来计算。

另一方面,概率的逻辑概念和数学概念,比起它被科学的采用来说要古老得多。直觉上,我们都明白**概率**或**可能性**的含义,但除了对每一种情况都有"相同机会"发生的有限结果的简单情形,这种想法是很难给予精确化的。对于亚里士多德,概率的意思是**倾向性**:说一枚硬币在一次投掷时正面向上的概率是1/2,意思是,硬币有一种内在的倾向,使其有50%正面向上的机遇。一种截然不同的观点,是20世纪初由奥地利数学家冯·密泽斯(Richard von Mises)提出的,对他来说,投掷的正面的概率定义为,同一枚硬币投掷无限多次,或者,同时投掷无穷多个相同的硬币,看其正面向上的比例,这种诠释称为**频率诠释**。倾向性理论的拥护者当然会同意在多次重复中的频率来确定它的概率,不过他们拒绝这是它的**定义**。这两种方案的基本差别是,亚里士多德的倾向性是个体系统(一枚特定的硬币)的性质,而频率定义的概率是大量(原则上是无穷多[8])相同系统的性质。

概率的偶然性质表明为什么亚里士多德的倾向性理论不能让人满意。"史密斯在1998年去世的概率是百分之x"这句话的含义是什么?史密斯的人寿保险费将和x的值有关,她的保险公司必须计算它。但是,这句话本身是没有意义的。保险公司只有把史密斯看作一个指定的人群中的一员才能计算x。如果把她仅仅看作美国人,精算表可以给出一个x的值;如果把她看作40岁的住在芝加哥的人,表上将给出另一个值;如果他们知道她患有癌症,则有第三个值。换句话说,"史密斯在1998年去世的概率是百分之x"的意思和史密斯被看作其中一员的(大量)人口有关;它不属于史密斯本人。这一人口在精算表上确定x的取值,而且这一人口使用频率理论给出概率含义。我们可以设想,通过定义史密斯代表的集合是越来越窄,直至最后只包含具有相同历史的她的复本,最终能够获得一个史密斯**固有的**在1998年死去的倾向性。但在一个确定性的宇宙里,这种固有的概率则只能是0或100%。

相信自己带一枚炸弹,可以减少在他乘坐的飞机中有带炸弹的恐怖分子概率的人,是因为在同一架飞机上有两枚炸弹的概率会比有一枚要小得多,这是以亚里士多德的概率含义思考导致的错误。在飞机上一个恐怖分子炸弹的概率是a/b,在一种想象的大量同类重复飞行中,a是遇到恐怖分子炸弹的飞行次数,而b为总飞行次数。如果a包括在飞机上还有带炸弹的好人,b也是一样,则a/b将是和不包括这种人时是相同的。[9]

在大多数科学领域中，亚里士多德和概率的频率观念之间的差别不太重要，可以忽略不计。当一位内科医生告诉病人说他恢复的机遇是90%，病人并不知道这个概率是对他个人来说的还是对一大群病人而言。然而事实上，她的含义是，大量的经验表明，在同样的医疗条件下有90%的病人恢复。当天气预报说明天在你的城市有50%的机遇下雨，许多听众可能解释为有1/2的倾向性是下雨；实际上，它的意思是气象学家预期雨要覆盖所预报地区的面积的一半，不过他们不知道在什么地方。所以，你的城市有50%的机遇在雨区，并且在多次重复这样的预报时，你的城市应当有一半时间下雨。对大多数的日常生活，概率陈述的准确含义无关紧要；对量子力学却不然。

考虑量子力学对描述一个系统状态的波函数的诠释。这一函数包含该理论预测的所有概率，即当给了一个电子的波函数时，我们可以计算电子处于给定空间的任何区域的概率，以及电子其他变量的概率。有些物理学家在理论中宁愿采取概率观点而不用确定性观点，因为波函数描述我们关于系统的**知识**，它永远不能完全。在这种诠释中，观察者的意识(consciousness)起着重要作用，从而把主观性作为一种很强的因素引入物理学，而这是许多人(包括我)所拒绝的。因为量子理论没有确凿的理由采取哲学的唯心论理由，因为那些人没有一种**先验的**对它的偏爱，我将限制自己采取**客观的**诠释立场。

如果在量子理论中概率被看作是倾向性，它就被附着在单个的电子上，电子在时间进程中的行为被波函数所刻画。犹如在经典物理学中，"电子"这个系统的状态就是一个粒子的性质。另一方面，假如概率被看作是频率，则波函数代表粒子的**系综**，按照这种诠释，量子力学从不处理单个的系统而总是处理系综。于是，这一观点使量子理论更多地像是统计力学，而不像牛顿物理学，后者是处理全同的单个系统的。

量子理论的这两种观点和它们的内涵是被一个巨大的鸿沟隔开的。在第一个方法中,计算一个电子的波函数意思是去寻求它的单个的行为;而在第二种方法中,其意思是计算电子为其中一员的一个系综的行为。频率诠释自然地(尽管不是必然地)引出以下问题:什么是量子在物理实体中的相似物,在统计力学中,允许我们从它的动力学确定概率?在经典统计力学中,气体被假定由大量分子组成,分子的运动则由决定论的牛顿力学所支配,我们略去细节但基于它计算感兴趣的概率和统计性质。于是,尽管物理实体(即分子的集体)由完全因果性的定律所支配,我们却获得了概率的统计陈述。在量子力学中,我们不要求这种实体而直接取得概率,使该理论成为非因果性的。然而如果对波函数的系综诠释给了接近于统计力学的模拟,在量子力学之下就不存在一种实体。毕竟,对这种实体我们通常不关心,但是,何种完全决定性的行为导致了在量子水平上的概率?

这一问题从20世纪20年代起,就使少数物理学家忙碌着,爱因斯坦强烈地支持他们为回答这一问题的努力。如果迄今未知的比量子水平更低的"隐变量"可以被发现,量子理论的非因果性性质将变得更为有味,因为它将干脆地说明我们对隐藏的细节的无知和无能。显微镜下尘埃看上去飘忽不定的,非因果性的布朗运动就是这种情形;我们知道,尘埃被更小的、看不见的、按照牛顿定律决定性地运动着的周围的分子所冲击,但我们不能够跟踪这些分子。然而,"隐变量"方法尚未成功,我们将在第九章中看到,有充足理由使人相信它不能成功,除非那隐藏的本体具有恰如量子理论那样反直觉和奇特的性质。

波普尔的倾向性

在量子理论中,这种概率的应用是在什么地方呢?一种解决这一尴尬局面的尝试为波普尔做到了，它既使用不可接受的绝对的亚里士多德倾向性，又抛弃了借助量子力学描述单个系统行为。寻求把概率附着到单个系统，他通过修改频率理论对倾向性进行重新定义。鉴于他的理论在物理学家中有很多有意或无意的信徒，故值得稍微仔细讨论。

按照波普尔，频率诠释"给单个事件赋予一个概率，**只要**这一单个事件是一个具有相对频率的事件序列中的一个元素。与此相反"，他的非亚里士多德的

> 倾向性诠释对单个事件附着一个概率，这个事件可以看作是一个**虚拟的**或**设想的**事件序列的代表，而不是把它看作一个实际序列的元素。由考虑**定义这一虚拟序列的条件**，它附着于事件a一个概率$p(a,b)$：这些就是条件b，即产生隐倾向性的条件，并且给予单个情形以一个确定的数值概率。[10]

于是，和亚里士多德不同，波普尔给予倾向性一种偶然性特质，不过他要求避免退回到与单个事件或系统相脱离的概率的频率定义。"可以问，为什么我要引入在频率背后的隐倾向性？我的回答是，我猜想这些倾向性在吸引力或排斥力具有物理真实的意义下也可能是物理上真实的。"[11]他解释说："甚至当没有（检验的）物体可以被它作用时，一个力场可以在物理上呈现，一种对一枚仅一次投掷的硬币得到正面的倾向性可以存在也是如此，在这一次下落可能是背面。甚至根本没有投掷时也可能确实有倾向性。"[12]在波普尔看来，力和倾向性概念这种重要的类比，在于"事实上，这两种观念注意到**不可观察的物理世界的意向性性质**，从而有助于对物理理论的诠释"[13]，但是他的概念和亚里士多德的概念之间有一种明显的区别：

> 和所有的意向性性质一样，倾向性与亚里士多德的潜在

> 性呈现一定程度的类似。但有一点重要的区别:它们不能像亚里士多德那样设想为单个**事物**的内在性质。它们不是骰子或者硬币的固有性质,而有点更为抽象,即使在物理上是真实的:它们是整个客观情况的关系性质。……在这方面,倾向性又类似于力或力场:牛顿力不是一个事物的性质,而是至少两个事物的关系性质。而物理系统中实际的作用力总是整个物理系统的性质。力,和倾向性一样,是一种关系概念。[14]

总之,波普尔的倾向性当然与频率密切相关。确实,倾向性"是产生频率的意向性。……但是倾向性并不**意味着**'频率',因为存在一些事件,它们几乎不会重复发生,不能产生任何一个随机序列(或一种'频率');但是这些罕见事件也可能具有倾向性"[15]。如你所见,在频率定义的概率和波普尔的倾向性之间确实存在微小的差别。毕竟,频率理论的解释并不要求一个系统或事件以无限多的复本必须能实际重复或复制。这种字面上的诠释曾经使得宇宙学家们在处理宇宙的波函数时特别不舒服——我们怎能设想一个宇宙的系综?这就导致他们之中的一些人避免这样做,而去重新表述量子理论。[16]波普尔的倾向性概念表明重新表述大可不必,不过,如果最后他的观念至多在**心理学**意义上与频率的观念不同,它就能使我们谈论一个单个系统的波函数,这样我们就可能避免此种统计力学类比。避免这种类比的另一条途径,是对概率的根本诠释采取不可知论的态度。或许波普尔在沉思"倾向性如同牛顿的力(贝克莱抨击为'神秘的')一样是'先验的'或'形而上学的'"时,就已经有了这个想法。[17]

小结:关于因果性这一至关紧要的科学概念,经典物理学与量子物理学之间的差别不能靠如下的办法说清楚,即对前者,一个粒子系统在某一时刻的状态确定它任何将来时刻的状态,而对后者则不能。事实上，在这两种情形下，某一时刻粒子系统的状态都决定了系统在任何未来时刻的状态。显著的差别在于，在经典物理学中，如果我们知道系统的状态，我们就原则上能够确实地说出特定粒子系统性质的每一细节，而在量子物理学中，当我们知道了状态时，“性质的每一细节”是不能在同一意义下给定的：在经典情形完全由参量确定而在量子力学的情形仅是概率地确定。这意思是，如果我们在描述一个真实的物理系统时，用经典的变量，即以粒子的位置和动量来描述，则结果的描述不能是决定性的。进而，如果在字面上取概率的频率理论，量子理论不像经典理论那样和一个特别的系统打交道，而总是处理由系综描述的量子态。另一方面，如果我们放弃经典图景而选取一种固有的量子力学表述，则亚微观世界可能由决定论所充分刻画，而概率可能永不需要。不过这就提出什么是实在及怎样能适当地描述实在的问题，这一点我将在第九、第十章讨论。

注释：

1. Popper, *The Logic of Scientific Discovery*, p. 247.

2. 例如，见Galison, *How Experiments End*, p. 266。

3. 这是影片《终结者2》的中心情节，但这部影片忽略了结果问题。

4. 我在第三章对统计力学的讨论得出这样一个结论：由因果性定义的这一时间箭头方向也决定由热力学第二定律定义的时间箭头方向。后者完全出于所有实验问题所提出的方式：若我们在时刻t_1安排环境A，则在随后的时刻t_2将观察到什么？原因A是我们所控制的，故A发生得早。假如这个世界被安排为结果先于原因，熵将永远减少。在这一情形，可假定，我们会在心理上体验时间倒流，而大自然将呈现得和现在一样。因此，心理学时间箭头也由因果性箭头所决定，它对在遥远行星上体验时间倒流的外星人是不可理喻的。

5. 惯性系是一种参考系或实验室，其中，牛顿运动方程以其原始形式成立。相对于惯性系作匀速运动的任何参考系亦为惯性系；加速的实验室则不然。

6. 怎样做到这一点的详细解释，见Newton, *What Makes Nature Tick?*, pp. 137ff。

7. 若不如此精确地指明，它就被密度矩阵所描述。然而，我们不必注意这种细微差别或这些词的含义。

8. 存在着某些与需要频率理论中的无穷序列相联系的数学困难,但我们这里不去管它。

9. 设 a 和 b 都很大,就如同在概率计算中所应当的那样。

10. Popper, *Realism and the Aim of Science*, p. 287;强调字体示原文中的斜体字。

11. 同上, p. 286。

12. 同上, p. 282n。

13. 同上, p. 351;强调字体示原文中的斜体字。

14. 同上, p. 359;强调字体示原文中的斜体字。

15. 同上, p. 397;强调字体示原文中的斜体字。

16. Gell-Mann and Hartle, "Quantum mechanics in the light of quantum cosmology", pp. 425–458; Omnès, "Consistent interpretations of quantum mechanics"; Omnès, *The Interpretation of Quantum Mechanics.*

17. Popper, *Realism and the Aim of Science*, p. 398.

第九章

两种尺度上的实在

很难想象一个科学家怀疑真实的世界独立于我们自己而存在。我们测量它的性质，我们观察它的变化，我们尽力去理解它，有时，它使得我们惊奇。爱因斯坦指出："相信独立于感知主体的外部世界，是所有自然科学的基础，不过，感觉仅仅给出了这一外部世界的间接的指示，亦即在物理上是真实的，它能被我们理解只有通过推理的方法。"他作结论说："因此，我们物理上真实的概念永远不可能是最后的。"[1]还有人得到了更戏剧性的结论，我们所了解的世界依赖于个人的感官印象：我们听到树叶的响声，我们看到树枝，我们还能爬到树上面去。难道没有这种可能吗？树不过是这些印象的总和，是这些印象绑在一起的形而上学包裹？确实，对于唯心主义哲学来说，那正是树的组成：*esse est percipi*——存在就是被感知。

智者派普罗泰哥拉(Protagoras)宣称[2]："人是一切事物的尺度，正如在者在，不在者不在。"对贝克莱主教这样的唯心论者来说，在我们对其感觉之外，不存在物质对象，他可能会同意普罗泰哥拉。另一方面，笛卡儿尽管是怀疑论者，但在他和洛克(John Locke)看来，世界是由真实的、可感知的对象所组成的，即由粒子、螺旋和旋涡组成的，具有固有的第一特性(如硬度、圆满性)和第二特性(如颜色、味道和声音)，后者是同我们的感觉有关的。实在论者不能忍受他们唯心主义的反对者的虚无缥缈的建构，他们有时禁不住模仿约翰孙(Samuel Johnson)试图用踢一块大石头的办法反驳贝克莱，以证明大石头**不**光是我们的一种想象。在本章中，我要从物理科学的角度稍为仔细地考察一下这种大石头。

经典物理学把什么看作实在的

科学在16世纪开始急速升起，那时还很难接触似乎深奥的关于实在的哲学论争。太阳、行星、月亮、下落的石头以及碰撞的球，是科学感兴趣的主要对象。当伽利略用望远镜作出发现时，对实在的怀疑产生了，有些哲学家认为只有赤裸裸的、独立的感觉资料才能是合法的知识来源[3]。但是像力这类牛顿力学的实体，对我们直接、有力地呈现出来了，因而任何关于它的实在性是我们造出的想法都被搁置一边。正是牛顿的超距作用的引力，使人们不快；笛卡儿与之对抗的涡环和旋涡粒子的理论好像更易为人们所接受。

另一方面，19世纪物理学带来两个很难为实在论者容纳的基本变化。一个是关于所有物质皆由粒子组成的原子假设。尽管这一观念很早就由德谟克利特引进了，它现在已成为一种对热和气体行为特性重要的解释基础。全部统计力学，即支撑热力学定律的科学，都基于气体、液体和固体皆由原子和分子组成的假设——阿伏伽德罗(Amedeo Avogadro)设法去数它们！——虽然在显微镜下，无人看见过任何一个原子或分子。另一个变化是法拉第引入的电磁场，这甚至是比分子还难理解的概念(见图7)。法拉第最早把场看作连接带电粒子穿过自由空间的橡皮带般的力线，最终放弃了粒子，把它们看作是“力的中心：……粒子仅仅是被假设由于这些力而存在的，并且粒子位置由它们

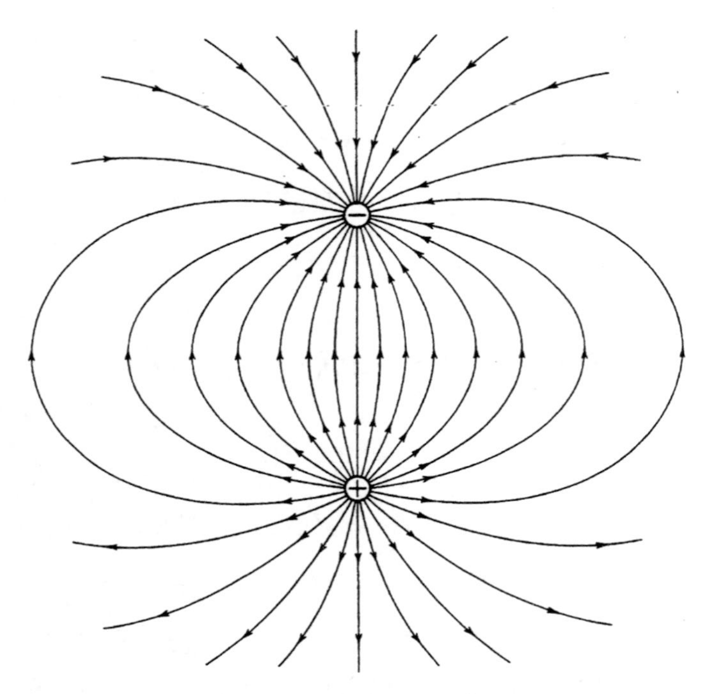

图7 正负电荷之间的电力线。(重印自 D. Halliday and R. Resnick, *Physics* [1986], part 2, p. 584)

来决定”[4]。这一新观念带来的变革是根本性的,其数学表述随后由麦克斯韦提供。“在麦克斯韦之前,”爱因斯坦写道:

> 就其表达的自然界中所发生的范围内,物理学上的实在被想象为物质的点,它的变化仅仅是由运动组成。……在麦克斯韦之后,物理学上的实在被想象为不能用力学解释的连续的场。……我们关于实在的概念中的这一变化,是自牛顿以来物理学中最深刻、最富有成效的。[5]

物理学家看待场的方式开始了演变,变得愈益抽象。麦克斯韦一直试图去构造复杂的力学模型,但不成功,有时还用以太作为想象力的拐杖,力可以被看作源自以太纤维的一种应力,但是迈克耳孙-莫雷实验把这种轻松的道路破坏得一干二净。一种更为复杂的因素使电磁场的观念逐渐扩展，出现了许多其他的场，这些场包括引力场以及后来的强核力场和弱核力场，所有这些场开始被直接看作**空间的条件**，它们决定着不管以怎样的方式、在怎样的地方出现的作用在不同粒子上的各种力。把物理性质归因于虚无空间，这样的趋势日益增加，爱因斯坦把引力理解为这种虚空的几何特征；对照于康德认为欧几里得几何对物理空间的真实性是**先验**必然性的观念，爱因斯坦的空间几何是非欧几里得几何，并且与物质的分布有关。自由空间不是一无所有的虚空的观念显然是不可免的，它是一种像物质一样的实体，需要去研究、观察以便知道它的许多性质。如果这种想法显得奇怪、难以想象，那么它的程度并不比看不见的原子早期对许多科学家更深；杰出的颇具影响的物理学家马赫直到他1916年临去世的不长时间之前才相信原子的实在性。

尽管类似的问题也存在于心理学和生物医学中（例如，关于精神状态和疾病的实在性），在物理学这门科学中"真实世界"的问题来得最为迫切。在20世纪的早期，物理学家们把除了空间和时间之外的存在看作实体的，是场（或波）和像原子与分子那样的粒子，它们全都是真实的和"外在的"，不是我们制造和想象的产物。卢瑟福所发现的原子几乎完全是空的，具有十分微小的位于中心的核和围绕它有一定距离的电子，从卢瑟福的著述和他对其有交往的人的讲述中可以清楚地看出，在他的头脑中，原子和电子的可感知就像是把它们拿在手中一样可以看见、可以感觉到。其他许多物理学家也有类似的情况，狄拉克有一次自信地说："无需努力，我就能把[宇宙学中的]德西特空间想象为五维空间中的四维曲面。"[6]科学家对最难于捉摸的对象所花的工作时间和努力越多，那些对象对他们就变得越真实和直观。哲学家哈金（Ian Hacking）讲："对我来说，我从未有两次想过科学实在论，直到一位朋友告诉我一次正在进行的检测分数电荷[夸克]存在的实验……'[为了改变一个检验铌球上的电荷,]我们用注入正电子的办法去增加电荷或注入电子以减少电荷。'从那一天之后我就成为一名科学实在论者。**如我所见,如果你能注入它们,它们就是真实的**。"[7]

如果物质的原子理论和场的概念会使某些人产生什么是真正的"真实"的疑问,那么同样的、甚至更为尖锐的问题也会产生在20世纪早期诞生的相对论和量子理论的新物理学中。爱因斯坦的狭义相对论的结论之一是,当从一个参考系来看一个在这个参考系中运动的物体时,其长度要缩短。这一效应,在此之前被称为洛伦兹-菲兹杰拉德(Lorentz-Fitzgerald)缩短,以其最早的理论发现者而得名。不过,他们的解释和爱因斯坦的解释不同:对他们来说,物体具有一个"真实的"长度,当它在绝对空间运动或通过以太时要收缩,而对爱因斯坦来说,这一效应是在两个参考系测得的长度和时间经过相对论变换律的简单结果。如果你相对于我在运动,我看见你的表比我的走得慢、你的尺子比我的短,而你看见我的表走得慢、我的尺子短,是完全对称的。[8]这会在我们的头脑中产生一个问题,到底哪一只表"真正"慢了,哪一根尺子"真正"缩短了;但是我们对于何者为真的感觉应当直接地按照已确立的实验事实进行调整。

进入量子理论

在20世纪20年代中期出现的量子力学,带来了对实在性的最为尖锐的问题。在量子力学中无法避免什么是**真实**的讨论,所以我不得不离题颇远去解释关于量子理论的概念。这是一种极其成功的范式,尽管物理学家们在使用它时没有什么困难,也确实对它建立了他们工作的直觉,不过甚至是它的某些最伟大的实践家和贡献者,也承认没有完全理解它。

海森伯最早关于他的新“矩阵力学”公告之一，是前面我们提到的他的著名的不确定性原理。这一原理不允许同时测量粒子的位置和动量，或者更一般地说，任何两个特定相关的所谓共轭性质的量，对其测量的两个误差或不确定度的乘积必然超过普朗克常量。如果我们坚持以很大的精度确定其中之一，可以断定另一个一定十分粗略。当然，这个约束意味着，既然按照牛顿运动定律计算粒子的未来轨道必须知道它的位置与动量，我们就永不可能准确预言它的行为。事实上，它甚至使得说一个量子粒子的精确路径或者它的两次相继测量之间的位置和运动都变得毫无意义。

更有甚者，不确定性原理产生了这样的问题，粒子是否**有**一个我们恰好观察不到的精确的位置和动量，或者干脆就没有位置和动量？玻尔和海森伯给出的被普遍（不过还不是被全体）接受的回答是，一个量子粒子**没有**同时明确定义的位置和动量，尽管其中之一可以测量得你想多精确就多精确。然而，在测量中要谈论任何性质都是没有意义的。从这一学说在1926年出现开始，经过在哥本哈根的玻尔、薛定谔、海森伯和其他人之间的热烈讨论后，形成了著名的**哥本哈根诠释**。

量子理论还采取破坏传统观念的附加步骤：它假定任何两个同类粒子，如电子，从字义上说是**不可分辨的**；作为一种基本原理，无法识别一个电子并且说出它与别的电子的区别。（这一不可分辨性必然与明确定义的轨道的不存在性有关。连幼儿都知道物体具有一种可以跟踪其运动的恒定标识，当它从隐藏的地方出现时，可以看见和识别它的再现。不过，量子粒子的运动是不能够被追踪的，即我们无法明了它的一举一动，或者是和它躲猫猫。）这种基本的不可分辨性，在对其大量群体的统计行为中，有重要的实验上可验证的结果：对可以分别标识的经典粒子，服从为麦克斯韦和玻尔兹曼发现的统计定律；而对于量子粒子则分为两类，一类为费米子，它们服从由费米和狄拉克发现的统计，另一类是玻色子,它们遵从由玻色(Satyendranath Bose)和爱因斯坦发现的统计。例如,电子是费米子,光子是玻色子。两者在统计上的差别是从费米子服从泡利**不相容原理**产生的,即没有任何两个费米子可以处在同一种状态中(这一原理乃基于元素周期表),而玻色子则不服从。显然,在量子理论中,粒子不光是一粒微小的尘埃。

波粒二象性

在海森伯公布了他的新矩阵力学,以一种羽翼丰满的理论去解释长期存在的量子难题之后一年,为了达到同一目的,薛定谔发表了一种看上去完全不同的理论——波动力学。他的出发点是由一个奇异的难题形成的:在20年之前,爱因斯坦引进了光量子的概念,后来被称为"光子"的粒子,对于它已经充分确立了波动现象;德布罗意现在把它推进到一种革命性观念,即对物理学家了解的微观实体粒子,当时仅有电子和质子,它们也有波动方面的性质。薛定谔提出,这种波动的性质由他的新方程所支配。由海森伯和薛定谔提出的这两种似乎完全不同的理论,实际上是一种理论的不同外貌。如果说前者在电子和微小的弹子球之间作出了基本的区别,那么后者似乎完全消除了以太波。

现在,在亚微观水平上,**所有事物**都要求具一种二象性,既像粒子又像波。但是,在波动现象(像光和无线电波)和粒子现象(像电子和质子)之间本来存在一种基本的区别,所有这些物理实体现在都变成**同**是粒子**和**波了。已经有一个世纪历史的菲涅耳(Augustin Jean Fresnel)和杨的光干涉实验,其威力是无可抵御的,它确立了光必然是一种波,但不能解释光电效应,只有爱因斯坦的光量子可以解释。汤姆孙和密立根的结果则毫不含糊地证明了电子是粒子,但是戴维孙(Clinton J.Davisson)和革末(Lester H. Germer)响应杨的光干涉实验结果认为,只有把电子像德布罗意预言的那样看作波才能理解。在微观水平上,不可避免的结论是,大自然表现为必然的**波粒二象性**。进一步说,这种任何实体都具有的变色龙似的二象性品质表现为:如果我们想限制它的粒子方面,波动就从视野中消失;如果我们要突出它的波动方面并使之可以观察,它的粒子性质就消解了。

当一束光线通过墙上两条很近的狭缝经过一段距离达到屏幕上,所观察到的条纹是一个具体的例子。我们并没有看见两条简单地重复两条狭缝的亮线。而是看见了一系列的明暗条纹,这是由于由两条开口发出的光相互叠加和抵消造成的,它清楚地演示了光的波动性质(图8)。当光强度减弱时,影像就变成一种此起彼伏的某些点上的闪亮,这些点看上去是随机分布的——光表现为光子的形式而没有显然的干涉效应。但是,如果屏幕被一张感光底片代替,经过长时间的曝光之后,一张相片在较高强度下表明可以发现同样的亮线和暗线。毕竟,光子不是达到随机的地点的,而是像以前的干涉条纹图样那样分布的。

好了,你可能会说,如果光由粒子(即光子)所组成,我们应当能够查明哪一个狭缝被给定的光子所通过。所以,我们先关闭左边的狭缝然后关闭右边的狭缝。当然,当全部的光子都必须通过右边的狭缝时,

图8 通过两条垂直狭缝的光线所产生的干涉条纹。(重印自 Sear, Zemarsky, and Young, *College Physics* [1980], p. 728)

我们得到一张和双缝图样不同的相片，并且当全部光子都通过左边的狭缝时相片也是不同的。但是，把这两张照片重叠起来，就像两次曝光的一张相片一样，并不能给出和两个狭缝都打开时相同的相片！失掉了打开两个狭缝时干涉条纹的特点。换句话说，当我们想限制光的粒子方面，指定光子一条可确认的路径，我们就自动破坏了它的波动特性。另一方面，当我们想由观察两个狭缝打开时的干涉条纹确认它是一种波动时，我们必然破坏它的粒子特性，因为我们必须被迫说每一个光子同时通过**两个**狭缝行进。如果把光线代之以电子流，在这种类似的实验中，结果也是相似的，这一点非常重要。光和电子都有相同的二象性，即粒子性和波动性。进而，它们显示哪一方面的特性依赖于提给它们的问题。

这问题留给了哲学家玻尔，玻尔把波粒二象性和海森伯不确定性原理纳入一个巨大的新的**互补性原理**中。按照这个原理，天底下的一切事物都具有二元性，其互补性不能被同时看见。一个物理系统的海森伯共轭性质是一个例子；波粒二象性是另一个例子；真理和明晰性是第三个例子；生命和对它的生物化学解释可能是第四个；如此等等。尽管在科学家中玻尔受到了普遍的和大量的赞赏，还是有许多物理学家并不跟随他进入神秘主义之旅。然而，有些人甚至冒险走得更远，走进沼泽地进入了迷途。

什么是粒子？

就量子理论中固有的波粒二象性提出的这种令人困惑的实在性问题进行探讨之前，我们应当更仔细地考察一下，在基本物理的本体论意义上，我们所说“粒子”的准确含义，在那里这一概念显然是十分含糊的。事实上，海森伯的量子力学方案完全是建立在粒子的行为基础上，在20世纪40年代，由费恩曼对这个理论的十分不同的重新表述走向极端，一点波场的残余也不留，甚至是在电动力学中也不留，而是由粒子在时间中向前和向后的量子运动来取代。在这一理论中，所有的解释和计算都是在这些粒子被设想有无限多路径可以采取的条件下给出的。这个版本的一部分，即在第七章中提到的费恩曼图，已经在物理学家的想象和语言中被牢固地确立了。盖尔曼和其他人则将这种以粒子为基础的理论确立为一种"历史"方案以回避哥本哈根学派，[9]不过这些表述和诠释迄今还没有被普遍理解，并且其成功也似乎大可怀疑。在任何事件中，他们使用事件的"虚拟的"历史，所产生的实在性问题至少不亚于传统表述。

显然，我们必须更小心地考察我们认识粒子的基础。关于这一点，我的意思不是指认识物质的粒子性质的里程碑，如道尔顿(Dalton)在化学中的定比定律(化学合成物是由它的组分的元素以一定的比例构成的)，阿伏伽德罗确定给定体积气体的分子数，和爱因斯坦对布朗运动的解释。不过我们必须问，在什么基础上我们把许多"基本粒子"理解为现在所称的粒子。

第一种粒子(即电子)的证据有两个来源：汤姆孙利用磁偏转表明，阴极射线具有一定的荷质比；还有密立根对电荷离散性质的测量，发现电荷总是一个基本单位(即"电子电荷")的整数倍。光的粒子特性最早在普朗克对"黑体辐射"中频率贡献的推导得到说明，为确定由一个黑色物体发射的电磁辐射与温度的依赖关系，他不得不假定发射波的能量是离散的与它们的频率成正比的小份。当为了解释这种困惑需要数学工具时，普朗克对任何接近革命的结论表现得过分保守。而爱因斯坦深思熟虑地自觉引进了"光量子"(即**光子**)，作为解释勒纳得到的神秘结果(所谓"光电效应")的唯一途径。光电效应是：当光照射在金属表面上就引起电子发射，其能量仅仅依赖于光的颜色，而电子的数量由它的亮度来确定。光的波动理论无力解释这一现象,但光子,其能量按照普朗克的理论与光的频率成正比,使解释变得十分容易:每一个电子被一个在过程中消失了的光子解放出来,其能量转交给了这个电子。

无需通过对所有粒子的实验证据来组成现今称为“粒子物理学”的粒子动物园,但是我想论及某些值得注意的例子和一般的特征。中微子组成了一种不同寻常的情形,泡利假定它的存在只是为了解释在核放射性衰变时能量和角动量的差异。(在绝望中,玻尔已经准备放弃守恒定律。)泡利的解释首先震撼了许多人,特别是在波普尔的约定论者策略看来,并没有科学价值,但是,在大约25年之后,中微子的实在性已经不能否认了。就我们目前所知,它是无质量的粒子,与物质的相互作用如此之弱,它们的巨流持续地穿过整个地球而对其毫无损伤。“逆β衰变”被探测到了:一群核在衰变反应中产生的中微子冲击其他的核并且产生逆反应。中微子现今在天文学中起着一种日益重要的作用,不过对它的检测还存在着很大的实验困难。

最近40年来,在美国各地和欧洲的高能实验室里,建立了以发现新粒子为目的的6座巨型加速器,它们是十分成功的,导致了大量意外的发现。在电子和质子这类原子的组分相互碰撞中产生的新粒子,都是不稳定的,意即在极短的时间后就衰变为别的粒子。我们自然会奇怪,对存在“寿命”仅为10^{-15}秒(一秒钟的一百万亿分之一)的实体,我们怎样能了解它们,这种短暂存在的含义究竟是什么。如果它们的寿命足够长,以致可以以接近光速运动(这时它们在碰撞中可以产生巨大的动能),这时它们通过一段可以测量的距离,因而推断它们的寿命就没有问题。不过在许多例子中,粒子的寿命是如此之短,以致测不到它所穿过的路径的长度,于是这种粒子的存在必须借助于更为间接的方法推出。(回忆在第五章中,我曾经对理论如何依赖于事实,并以不稳定粒子的质量和寿命为例,提到过这种推论。)

当粒子被加速到高能，相互碰撞而后散射，最后被一系列检测器捕捉，以察看有什么碎片散射出来，沿什么方向散射。这些碎片称为散射**截面**，乃随碰撞粒子的能量而变化。假设有两个粒子，当它们的动能接近一个特殊的值时，它们之间的力很可能让它们彼此抓住并在一个相当长的时间内相互绕转，直到最后它们彼此摆脱。这样一种相对长寿状态的存在，将导向一种极大可能的散射，即一个大的截面，即使那暂时的联盟不能被视为真的由两个原来粒子组成，而应当更为可信地当作一个新的实体。换句话说，**存在某些不稳定系统的证据，或者在碰撞中形成一个"粒子"是所测截面的一次急剧增加**；于是，表示截面作为碰撞粒子动能函数的截面变化的曲线图含有一个大的峰(即"共振")，并且在这一峰值的中心，能量E乃由爱因斯坦的公式$E=mc^2$与所产生的"粒子"的质量m相联系(c是光速)。进一步说，海森伯不确定关系的能量-时间形式给出一种简单的逆关系，它是在系统存在的平均时间T与峰宽W之间的关系，即它的能量的"不确定度"(W与T之积)必须等于普朗克常量。

当高能实验家宣称存在一种质量为m、寿命为T的新的不稳定粒子时，他们的意思是：他们在截面图上看到一个尖锐的共振峰，这个峰的能量中心对应于质量m，其宽度等于普朗克常量除以T。粒子存在性的意思就是这些，此外，这种暂时存在对所支撑的理论的符合也是非常重要的。这种理论诠释通常带有特别的品质：如果理论的特征稍作修改，比方说，想象一种特殊的作用力被"关掉"，这时不稳定的粒子将变为稳定的；它的衰变由于缺少一种直接的物理上的激励机制也被阻挡了。在曲线上观察到的峰"愈尖"，不稳定的实体的寿命便愈长，需要促使它变为稳定的力的改变就愈小。另一方面，一个宽峰，即一个十分缓慢的起降，在任何情况下都是难于识别和不分明的，这时它象征着所假设的不稳定系统的寿命较短，并且为了把这一系统变换为稳定的，一个较大的相互作用必须被忽略，同时用"粒子"称呼它就不那么令人信服了。这样，在什么称为粒子和什么称不上为粒子之间的界限原则上十分含混。

要评价这种区分是怎样被弄模糊的，你必须认识到每一个实验数据都有产生误差的可能，即在射线中的粒子并不都是具有精确相同的能量；检测器的位置也不是精确给定的，因为它的大小不是一个点，而且计数器所计入到达的粒子也不是100%可靠的，等等。于是，在重复同一实验时，并不产生完全相同的结果。由于这种原因，当实验者画出数据图形，例如被观察的散射曲线，它们显示许多单个检测器计算的可能是错误的统计分析结果，对每一点用一个竖直画来表示，它的长度标志误差可能的范围（见图9）。这些竖直画十分类似于报纸报道最近的政治民意调查显示误差范围的方式；对在重复做同一民意调查时和对全部人口计数时可能出现的误差，它们是一种量度。下面的争论说明这种统计结果可能产生严重的误导。

1967年，在瑞士日内瓦的欧洲高能物理学实验室CERN（欧洲核子研究中心）的大型粒子加速器上工作的一组物理学家，发表了他们对一种共振态的发现，随后称为A_2，它作为能量函数在碰撞的质子截面图上是看得见的。A_2有一种由双峰组成的十分不寻常的结构。它一分为二的表现，暗示了存在几乎相同质量的**两个**粒子。另一组在东北大学进行一个十分类似实验的物理学家，尽管在他们的数据中十分努力地想去发现它，也没有发现那个峰的凹陷。是不是对检测曲线上这种精细结构，他们仪器的灵敏度不够？这一争论成为1971年召开的美国物理学会的标题，在会上，CERN小组主张由于他们能看到而另一组看不到那种分裂，所以他们的仪器显然更为灵敏。（回忆在第二章中关于实验设备的灵敏度的讨论！）在更多的数据积累起来后，这两组物理学家最后都同意A_2的分裂是一种统计的人为结果，争论就消失了。[10]

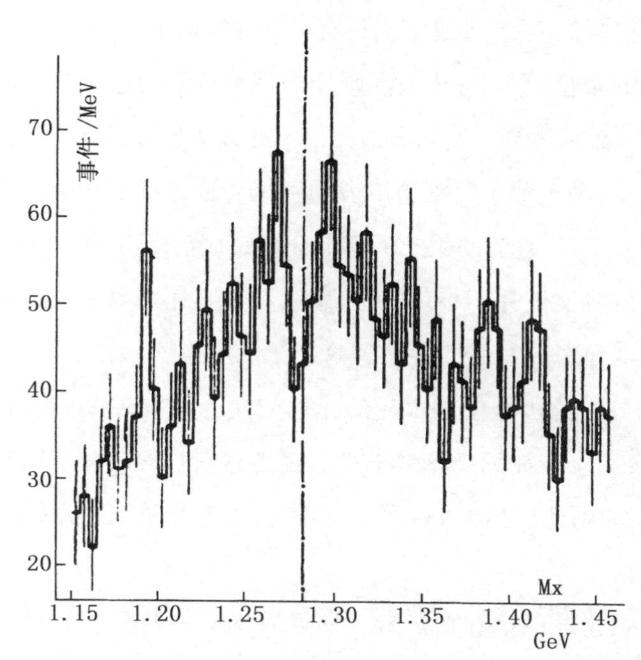

图9 一幅包含误差竖画的实验数据图。(重印自 G. Chikovani et al., *Physics Letters* 25B , p. 47)

你或许会认为对这种不严密定义的最简单的方案,是仅仅对稳定的对象保留“粒子”的名称。不过,这本身将有严重的缺点。我们都知道,原子核乃由质子和中子构成,并且,就像我坐在上面的椅子具有连续可靠性一样,大部分核是稳定的。但是,当中子离开核时,它是不稳定的,其半衰期为比如说13分钟。(中子在核内是稳定的,仅仅由于泡利不相容原理无法使中子找到一个它衰变产物的空位状态。)另一方面,纵然这种稳定性在现今要服从于十分严格的检验,我们所有的证据表明质子还是稳定的。所有中子的性质,除电荷以外,都和质子的性质极为相像。那么,是否我们应把质子称为粒子而拒绝把中子称为粒子呢? 在任何情形下,这纯粹是一种语言学上的解决,对不稳定的实体,不管称它们为什么,它们总归具有许多粒子样的性质。

随后是**夸克**,现在人们认为它是构成其他所有粒子的最终构件的粒子。它们是稳定的,不过它们具有另外的性质,赋予它们的实在性以一种奇异的角色,它们从未按照现今的理论所认为它们**永不能**像质子或中子被分别检测到。盖尔曼最先提出的方法不过是作为计算的数学工具,它以一种类似于元素周期表的系统的形式用于在碰撞实验中不断增加的粒子数,它们的服务不仅十分有效,而且现在被认为比起别的许多方法的真实性并不小。确实,夸克不是其存在限制在别的实体内部的唯一的粒子。物质的量子理论广泛使用**声子**,它在固体和液体中的原子和分子的机械振动中起的作用与光子在电磁振荡中起的作用一样,声子之于声如同光子之于光。因为它们是振动量子,当然,它们永远不能在固体或液体材料之外发现,犹如夸克不能在别的粒子之外存在。

在牛顿物理学中和在笛卡儿的世界观中都是基本的和无可怀疑的全部粒子的概念,被量子理论同时证实和消解了:一方面,这一理论解释了原子作为所有物质的构件的稳定性和不变特性;另一方面,波粒二象性导致了这个处于一种模糊的点粒子观念中心的定域化概念。此乃不可避免,这是由被考察的短暂闪光所证实的。我们不难设想一个闪光,这一信号在导向爱因斯坦的相对论的推理中起着根本性作用,亦不难设想带颜色的光。一刹那红色闪光有什么错?不过,如果一个十分短暂的单色光信号达到一个极端,光的性质的经典麦克斯韦理论(这一点与量子理论毫无关系)会告诉我们单色的概念和瞬时闪光的概念是矛盾的,我们不能同时在一瞬间设想它们。[11]不仅是光,所有的物质都有波的性质,这一事实导致放弃其运动可以被精确定域化具有明确定义的动量的点粒子概念,所以最后便瓦解了粒子的概念和定域的观念。也许你曾认为粒子是由物质组成的**实体**,但你显然必须放弃那种观念。

依赖于尺度的实在论

这种对你的冲击是否越来越“不真实”呢？这些亚微观粒子是否就像马赫看待原子那样，不过是我们想象的虚构物？如果夸克不是真实的，那么为什么中子是真实的呢？进而如果中子不是真实的，为什么原子是呢？近来的设备使得显示个别原子的“照片”成为可能，不过即使是这些设备愈益灵敏，显示得越来越细致，我还是怀疑能把原子中心的核内质子里面的夸克的相“照下来”。这样的话，它的实在性比起原子来就减小了么？

对这种本体论问题，玻尔的反应是模棱两可的。他总是表示对**实在性**不感兴趣而把他的着重点放在**语言**上。“我们人类从根本上依赖于什么？”他问道。

> 我们依赖于我们的言词。……我们的任务是与别人交流经验和观点。我们必须不断为扩展我们描述的范围而奋斗，但这样我们的信息并没有就失掉了它们的客观的、不含糊的特点。……我们以不能说出什么是上和什么是下的方式而延留于语言中。“实在性”也是一个词，一个我们必须学会正确使用的词。[12]

因此，他得出结论：

> 不存在什么量子世界。只存在一种抽象的量子力学描述。认为物理学的任务是去探求大自然**是**怎样的想法是错误的。物理学讨论的是我们对于大自然可能**说**些什么。[13]

海森伯具有类似的观点，但是视角有所不同。他也把十分强调的重点放在语言上：“每一种现象实验及其结果的描述，都依赖于作为唯一的交流手段的语言。这一语言中的词代表经典物理中的概念。……所以,关于'实际发生了的'任何陈述都是在经典概念意义下的陈述。"[14]但是他走得更远。他写道,有人欢快地

> 回到经典物理的实在概念,……或者回到唯物主义的本体论。……然而,这是不可能的。……表述诸如原子现象应当怎样的愿望不能是我们的任务;我们的任务仅仅是去认识它们。[15]

稍后,他又写道,

> 在关于原子事件的实验中,我们必须同事物和事实打交道,即与像日常生活中的任何现象一样真实的现象打交道。但是原子或者基本粒子并不能看作是真实的;它们形成一种有潜能性的和可能性的世界而不是事物或事实的世界。[16]

在他看来,"唯物主义的本体论乃基于存在之类的幻觉之上,围绕我们世界的直接'现实性'可以被外推到原子范围内。然而,这种外推是不可能的。"[17]

对玻尔和海森伯,在我所同意的范围,所要强调的本质要点,是**实在论与尺度有关**。在日常生活和经验的尺度上是一位实在论者是一回事,而对想把实在论带到微观世界却是很不同的另一回事,在那里既没有经验也没有我们适当的语言。我们坚持按照"粒子"或"波"来表述在微观世界水平上所发生的事情,并且为了不仅仅是在数学上认识它,我们似乎别无选择。当观察和实验的结果可能并且必须以"经典的"日常语言来描述时,微观现象并不适合于这种词汇。

以经典物理学语言描述观察的必要性,解释了为什么哥本哈根诠释坚持把量子理论放在经典框架之中,以它为尺度来度量任何事情。逻辑上说,玻尔认为,"按照'实验'这一词的本义,我们所指的是这样一

种情况，在其中我们能够告诉别人我们做了什么和我们已经知道了什么。”[18]海森伯在援引魏茨泽克（Carl Friedrich von Weizsäcker）的话“大自然比人类要早，但是人类比自然科学要早”之后评论说，“这句话的第一部分肯定了带有完全客观性理念的经典物理学。第二部分告诉我们，为什么我们逃不出量子理论的佯谬，亦即使用经典概念的必然性。”[19]

某些物理学家认为这种缩略是非常不自然的，主张量子理论应当自立，而以经典物理学定律作为它的“极限情形”，在日常现象的尺度上，普朗克常量可以认为是小得可以忽略不计。这就是以前提到过的盖尔曼与哈特（Hartle）和翁内斯（Omnès）所阐述并尽量完成的方案。当然，经典定律无疑应当是、而且事实上也是表现在如下的意义上（尽管要说明为什么在观察月亮的运动中无需担心波函数和量子干涉之类的事情、为什么我们在照相感光乳剂上看到的电子轨道等并不是件容易的事情）：当所有的速度相对于光速小时，牛顿运动定律表达为爱因斯坦运动定律的极限。不过，还是很难否认，为了描述由量子理论支配的微观系统实验结果，我们被迫使用经典物理学语言。其原因不在于被观察的量子系统是小的，而观察的仪器是大的且受经典定律的支配（并非永远如此），而是不存在日常语言之外的另一种语言来交流观察的结果。

现在，我们已经在波和粒子居住的基本物理辖区游历很久了。这次游历中的景象应当使你相信，“粒子”的概念，尽管对于许多目的是方便的和不可避免的，就像它在一种尺度下解释了什么是真实的，但对于在最基本的水平上解释概念化实在（conceptualizing reality），是不适用的。所以我们现在应当转向由量子理论产生的更一般的问题，特别是对波粒二象性中波的部分，因为正是在这一领域产生了对涉及“实在”的描述最令人困惑的问题。

注释:

1. Einstein, *Mein Weltbild*, p. 208;译文由我翻译。

2. 按照Plato。

3. Chalmers, *Science and Its Fabrication*, pp. 52ff.

4. 1846年4月15日致函Richard Phillips,见Faraday, *Experimental Researches in Electricity*, vol. 3, pp. 885ff。

5. Einstein, *Mein Weltbild*, p. 213;译文由我翻译。

6. Abdus Salam, in Taylor, *Tributes to Paul Dirac*, p. 90.

7. Hacking, *Representing and Intervening*, pp. 22-23;强调字体示原文中的斜体字。

8. 这种表观矛盾可由相对论变换律完全得到说明:亦即不同地点的两个事件同时性依赖于观察者的运动。我宣称你的钟慢,乃因为当它通过静止在我实验室中的一连串同步时钟时,它总是落在后面。你同意那一观测,但你的解释是我的时钟不同步。我则说你的尺比我的短,因为当它通过时,我同时在它两端作标记,发现两标记间的距离比我的尺短;你的解释是,我那些标记不是同时作出的。

9. 见Gell-Mann, *The Quark and the Jaguar*; Gell-Mann and Hartle, "Quantum mechanics in the light of quantum cosmology", pp. 425-458;亦见Omnès, *The Interpretation of Quantum Mechanics*。

10. 实际上,这场争论不仅仅由拙劣的统计所致。看来CERN小组在科学方法论上犯了一个基本错误:它处理了显示曲线中的凹陷不同于未凹陷的峰的数据峰,更为仔细地考察后者"有什么不对头",并总是发现它。见Cromer, *Uncommon Sense*, pp. 169-170。

11. 光的波动性,意味着单个波长的光信号必定无穷长;短信号必为许多不同波长的叠加。没有任何短于10^{-15}秒的光信号会具有可辨认的颜色。

12. 转引自Aage Petersen, "The philosophy of Niels Bohr", *Bulletin of the Atomic Scientists*, 19 (September 1963), pp. 10-11。

13. 同上, p. 12;强调字体示原文中的斜体字。

14. Heisenberg, *Physics and Philosophy*, p. 144.

15. 同上, p. 129。

16. 同上, p. 186。

17. 同上, p. 145。

18. 转引自Aage Petersen, "The philosophy of Niels Bohr," p. 12。

19. Heisenberg, *Physics and Philosophy*, p. 56.

第十章

亚微观层次上的实在

从古希腊哲学家开始,物质世界被想象为由看不见的固体实体(有如微小的原子)所组成,如何在亚微观水平上与实在打交道的问题就已经产生了。随着我们的观察工具更加精细和强大,这个问题不但远没有解决,并且越来越令人困惑了;尽可能好地解决它仍然是物理学的任务。因此,除了更深入地钻研这种旨在认识亚微观物质的陌生理论(量子力学)之外,我们别无选择。一旦我们这样做了,我们就会航行到最后一章的较为平静的水域,不过有些读者会发现这种航行是有点辛苦的,它要求耐心和专心。记住我的目的并不只是为了其自身的缘故,展现一种特定的带有它的怪异和特殊概念的物理理论,而是去获得当今在亚微观层次上对实在理解的最逼近的观点。

物理学家在实际工作中主要应用的量子力学薛定谔表述中,描述特定的物理系统行为的主要工具是波函数,如在第八章中所讨论过的,它是系统**状态**的数学表示。但是,这个函数的具体物理意义是什么?是像电场那样的一种“空间条件”么?它是不是**真实**的?一开始,薛定谔把波函数解释为一种对场的模拟,但他意识到这种解释是行不通的:一个电场在三维物理空间的给定点具有特定值,但波函数“生活”在所谓的**位形空间**中,对两个电子而言是在六维空间中,三个电子是在九维空间中，等等。[1]现在被普遍接受的含意是由玻尔、玻恩(Max Born)和约尔丹(Pasqual Jordan)所开创的：波函数定义了一种**概率**，电子在空间中给定点的波函数的平方是在该点找到该电子的概率。[2]根据我早先讨论的概率概念，你可能猜到这一定义，虽然从实际应用的角度是不含糊的，但它在概念上是一罐弯弯曲曲的毛毛虫。

波函数的概率定义产生了对起源于概率含义不同观点的各种各样的诠释。首先，有多种主观诠释，按照它，波函数把实验者关于系统的**知识**汇编整理。因为波函数包含了量子理论对一个物理系统状态所能断言的一切，这一诠释在基本的水平上，将一种主观性要素自动引入大自然中，尽管它有一些十分出名的支持者，但大多数当代物理学家，在受到攻击时，可能拒绝它而倾向于客观的解释；但是这一解读也有它自己的问题，并且不管愿意与否，都会陷入像第八章中所概述的概率诠释的含糊性。回顾一下，波普尔引入他的倾向性理论的理由，就是避免总是同系综打交道，而且能够给波函数一种附属于**单个系统**的客观的概率诠释，这是物理学家更喜欢的。

波函数的坍缩

在讨论观察或测量的过程时，涉及波函数诠释的困难变得尤为严重。究其原因，考虑一个物理系统，其状态尽可能给定，从而用波函数(也称为**波包**)进行的量子力学的描述，其中波函数随时间的变化为薛定谔方程支配。即使这样，系统的参量，例如粒子的位置，也是不能精确地预言的，而只能以概率的形式给出；在某种意义上，它们"被弄模糊了"。现在，假如我们进行一种完全精确的位置测量，为此是在很狭窄的范围内确定它；这一定域化就使此"模糊"急剧减少，波包处处都**坍缩**了。如果从此开始不去干预这个系统，它的新状态将由"约化的波函数”所描述，仍然按照薛定谔方程变化。[3]

为了很好地服务于后面的目的，我们举一个特别简单的例子。许多粒子都有所谓**自旋**的性质，你可以把它想象为绕通过粒子中心的一根轴、类似陀螺顺时针旋转的量子形式；自旋的方向就是轴的方向。按照量子理论，自旋的方向分量是“量子化的”，它的意思是，如果我们测量它的垂直分量，可能的结果仅仅是整数(0，±1，±2，等等)或者半整数(±1/2，±3/2，±5/2，等等)乘以普朗克常量，其最大值由粒子的内禀自旋决定；它的东西和南北水平分量也类似。对电子的情形，可能的测量结果仅为+1/2和−1/2(以普朗克常量为单位)，或者为简便计，记为+和−，对垂直分量也可以称为**上**和**下**，对水平分量称为**右**和**左**。用粒子的**磁矩**进行这种测量，它就像一根指向自旋方向的微小的磁棒。施特恩(Otto Stern)和格拉赫(Walther Gerlach)首先使用了一种装置(我将称之为SG**仪器**)，当垂直定向时，它包含一个磁场，能对向上倾斜的磁体施加向上的力，对向下倾斜的磁体施加向下的力。把一束电子送入这种装置后，就会分裂为两束，一束向上指向一个确定的角度，另一束向下指向一个确定的角度。这一现象的意义被解释为，上一束电子具有自旋**上**，下一束电子具有自旋**下**。(当然，如果初始电子束只包含自旋**上**或自旋**下**的电子，则偏转的电子束将只有一束。)水平取向的SG仪器，类似地会产生两束水平偏转的电子束，一束有自旋**左**的电子，另一束有自旋**右**的电子。对于给定的仪器定向，除了这两束电子外没有其他的偏转角，施特恩和格拉赫得出的这一结果是一个不寻常的发现——电子自旋角动量的量子化。(见图10)

故事从所有电子自旋**上**的电子束开始。如果我们用把它送入垂直的SG仪器的办法确定它的垂直自旋分量，它们将向上偏转，证明自旋指向**上**。下一步我们测量它们的水平自旋分量，把它们送入一个水平SG装置中：我们会发现电子束被分裂为相等的两束，一束具有自旋**右**，

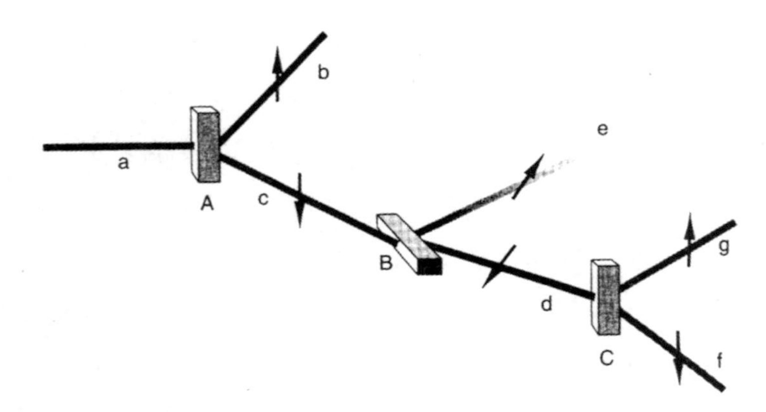

图10 SG仪器。仪器A检测自旋向上或自旋向下电子束a;自旋向上的沿路径b,自旋向下的沿路径c。仪器B检测在束c上自旋向左或右的粒子,自旋向右的走路径d,自旋向左的走路径e。仪器C再次检测自旋为右的粒子中对自旋上或下的粒子,一半自旋向下走f,而另一半自旋向上走路径g。

另一束具有自旋**左**。这些结果是同初始电子自旋**上**波函数的量子力学预言相符合,水平自旋**右**和自旋**左**的概率各为1/2;根据海森伯不确定性原理,对于这两个自旋分量,当垂直分量有确定的值时,水平分量完全是"被弄模糊了"的。(直觉上,你可以把这种电子描述为一个自旋的陀螺,它的轴绕着一根垂直线在做圆形进动,这使得它在任何时刻都有同样的机会向右或向左倾斜。)这两束分离的电子束就是测量的结果,它"约化"或坍缩了原来自旋**上**的波包,左电子束由自旋**左**的波函数描述,右电子束由自旋**右**的波函数描述;我们有确定的、可证实的保证,一电子束中的任一电子的自旋指向左,而另一束中的电子自旋指向右。如果我们把这两束电子引到一起,就不再是两束了,而形成一束混合的电子束,最后的电子束的状态不是像最初的那束那样确定:它不再是完全向**上**自旋,而是一半自旋**左**一半自旋**右**的混合。换句话说,新的电子束**不被波函数所描述**。[4](一个垂直的SG测量将产生一半**上**和一半**下**。)

然而,也还有一种实际上很难实现的方法,把两束分开的粒子束仔细重新合并起来而不干扰任何一束。这样一个重新组合的电子束现在不再是水平自旋已知电子的**混合物**,而又是所有电子都为自旋**上**的电子束。这一结果有时被相当误导地表述为"水平自旋的测量结果未被记录";相反,前面提到的不加小心地重新合并两束电子的方法被表达为"测量的结果被记录了"。一些物理学家甚至提出,重要的是记录是否登记在人的意识中,这是一种不能被证实为正确的解释。关于在初始电子束被SG装置分裂为两束分开的电子束,重要的事实是它们仍然是**相关**的。[5]若试图从任一束中取出一个电子,这个电子的水平自旋能够被明确确定,则它们的相关将被破坏。**这**就是为什么对被分裂的电子束进行实际的测量,使得相关破坏和波包约化。

由一次测量和任何观察所引起的波函数的坍缩,引起了大量的讨论。这尤其使某些人困惑,他们直觉地(却是错误地)把波函数解释为空间条件,因为它在整个宇宙中呈现为一种瞬时效应。但是,事实上,就像波普尔[6]所指出的,所谓的坍缩,它表面上表现为一种严格的量子理论现象,其实是任何概然性理论的一种必然特点。另一方面,相关的性质,它对于可以延伸到全空间的波并不奇怪,但对粒子好像就奇怪了。在实在性问题的真正核心,如同爱因斯坦和玻尔之间的激烈争论所表明的,隐含着某些十分非直觉的(unintuitive)结果。说到底,是波粒二象性导致了这一相关,这在于这样一种事实:两个事件的联合概率并不总是两个单个的概率的乘积。

两人玩牌,各人都拿着自己的一手牌,他们轮流揭牌,下一回两人同时揭到A的概率是每人单独得到的概率之积,这两个事件是独立的。但是对于一个人在一手牌中揭到两张A的概率不是得到一张的概率的乘积,这两个事件不独立,它们是相关的。但是在空间上相互远离的粒子事件的相关是反直觉的(counter-intuitive),让人感到十分怪异,因为我们理解的微粒是**个体的**和**定域的**。我们对有限对象的相互依赖性没有什么直觉感受,但能毫无困难地理解像波那样能够重叠的广延实体的相互依赖。

薛定谔猫

波函数的含义及其在测量时的坍缩的问题，在薛定谔提出的一个难题中变得尖锐起来了，他不满意玻尔-玻恩-约尔丹被广为接受的对他的创造物的诠释。薛定谔设想有一只猫被关在笼子里，里面还有由一个半衰期为一小时的放射性原子组成的残忍装置(见图11)。原子的衰变用盖革计数器的滴答声来发出信号，它将引起一只装有致命毒药的瓶子破碎，并杀死这只猫。薛定谔设想猫和原子的全部系统一小时

图11　关在密闭笼子里的薛定谔猫，笼子里有一榔头可以砸碎装有致命毒气的瓶子，由原子核放射性衰变所触发。(重印自 J. R. Brown, *The Laboratory of the Mind* [1991], p. 24)

以后的波函数，这时原子的衰变有对半的机遇：如果衰变了，瓶子就会被打碎，可怜的猫就要死掉；不然，猫就愉快地活着。在我们打开笼子的门去检查前，看来猫是半死半活的，因为这是由原子-猫系统的波函数所表明的；只有打开门观察才能断定猫是死是活，至少看起来是这样的。薛定谔下结论说，既然这一命题是荒谬的，那个习惯的诠释必然是错的。

一群在美国标准和技术研究所的物理学家，最近在实际的实验室实验里进行了类似于这种想象的建构的实验。[7]利用十分复杂的激光技术，他们能够捕获单个铍离子，离子的自旋可以向上或向下，如果是向**上**它就在一个位置，向**下**则在另一个远处（按照原子标准）的位置。实际上，他们设法得到了一个由离子的波函数描述的状态：自旋**上**的离子在**这儿**，而自旋**下**的离子在**那儿**，犹如原子未衰变猫活着，而原子衰变后猫死掉。只有在为查明它的位置而做观察后，“被臆想”在这儿或那儿的铍离子的位置才能够断定。

在我们为所有这些奇异的事情最初所产生的震惊逐渐消失之后，显然，所描述的情况当然与半**上**半**下**的自旋状态的简单波函数没有什么不同。在薛定谔猫的例子中，违背我们直觉的是，需要习惯这样的量子特性，自旋没有上或下的确定值，然而上帝知道，不管笼子是否被我们打开，猫要么死要么活，离子要么在这儿要么在那儿！当无人看月亮时，量子理论果真说月亮不在那儿吗？（Is the quantum theory really saying that the Moon isn't there when no one is looking at it?）

量子理论说没有这样的事。我以前强调过，由于量子力学波函数描述的**物理系统的状态**和在经典物理学及我们基于日常经验的直觉中的描述不同，就使我们产生了困惑。猫和原子系统（cat-and-atom system）的波函数[8]是以概率来描述其状态，是在描述这一系统的系综的意义上或在波普尔的倾向性意义上的**量子态**；而它的我们具有直觉的**经**

典状态，是另一回事。一位妇女，她的丈夫到娱乐场赌博，可能她会这样说，他处在（量子意义下的）一种半贫半富状态之中，直到他回家向她展示他的钱包。从根本上说，模糊产生于对量子理论状态的错误观念，认为量子态就像在理想情形下由波函数所描述的，是一种对实在的直接描述。

EPR争论

1935年，爱因斯坦和两位年轻的合作者波多尔斯基（Boris Podolsky）和罗森（Nathan Rosen）在《物理评论》上发表了一篇题为“能认为量子力学对物理实在的描述是完备的吗？”的文章，提出了一种详细的论据，给了文章标题所提出的问题一个否定的回答。几个月后，玻尔在同一杂志上以同样标题的一篇文章中回答了“EPR”的文章。通常所提到的EPR文章，引起了持续到现今一大批哲学家和科学家的评论，因为它抓住了量子理论最为困扰爱因斯坦和其他人的核心。我们回忆起，爱因斯坦不仅否定“上帝与世界掷骰子”的见解，更重要的是他“倾向于相信量子力学的描述……必须被看作一种对实在的不完备的和不直接的描述，以后要被一种更完备和更直接的描述所取代”。[9] 简言之，这一争论后来为玻姆（David Bohm）简化如下。

假设一个具有零角动量的分子，由两个自旋为1/2的原子组成，以额外的能量分裂为二，两个原子沿相反的方向飞出。按照角动量守恒定律，这两个下一代原子的自旋相加必为零，即意味着它们的自旋必须指向相反的方向，不管两个SG测量装置怎样在公共方向上定向，如果一个自旋为上，另一个必然为下。如果我们把原子1送入垂直SG装置，发现它的自旋为下，则无需我们接近远处的原子2我们就可以断定，它的自旋为上。（当然，我们也可以用垂直SG仪验证原子2的自旋，不过无此必要。)按照EPR给出的定义,“不**以任何方式干扰一个系统,如果我们能够确定地预言……一个物理量的值,那么必然存在与这个物理量相对应的一个物理实在的要素**”;[10]因此,原子2的垂直自旋对应于“一个物理实在的要素”。

同样的结论对水平自旋测量也成立,我们可以在测量原子1时把SG仪器水平定向放置。于是,原子2的水平自旋分量也对应于“一个物理实在的要素”。但是,因为海森伯不确定性原理,量子力学不允许我们同时确定垂直自旋分量和水平自旋分量。**因此**:“必须把量子力学看作一种不完备的对实在的描述。”

在我们以前的术语中,两个原子的自旋是**相关**的。如果使原子1进行垂直自旋测量的结果为**下**,使原子2通过SG仪,我们总会发现它的自旋为**上**;但是如果在我们对原子1进行水平自旋测量之后做相同的事,原子2的自旋会有对半的机遇为**上**,对半的机遇为**下**。原子2怎能知道对原子1作了什么测量呢?我们只能用两者之间进行了瞬间交流来解释所发生的事,爱因斯坦嘲讽地称之为“幽灵般的超距作用”。应当注意的是,这一想象的实验表明,把海森伯不确定性原理解释为由测量引起的不可控制的干扰是站不住脚的,除非从一个粒子到远方另一个粒子之间可以瞬间交流这一干扰。

现在你弄清楚了:EPR主张,一旦涉及实在,不能有“幽灵般的超距作用”,量子力学不可能是全部真相。下面是玻尔的部分回答,对他来说,与爱因斯坦的任何意见分歧,都令人难以忍受地痛苦:

> 在什么程度上我们可以以不含糊的意义使用“物理实在”这样的表达方式,当然不是能从一种先验的哲学概念推出来的,然而……它必须是基于一种实验和测量的直接要求。……事实上,自然哲学的这一新的特征意味着我们对物理实在的态度应该有一种根本的修正。[11]

泡利把对一种未知的客观实在的探求，认为是类似于中世纪经院哲学的问题，例如在一个针尖上能有多少天使跳舞，这与玻尔的意见一致，海森伯也是这样看的。

然而，在EPR思想实验中，两个粒子相关那令人困惑的性质只不过是量子理论概然性的结果，下面的模型将显示这一点。让我们来玩一种游戏，在游戏中，一个中间的游戏者不停地扔一对相同的球，一个扔向左边接球者，另一个扔向右边接球者。各对球的大小和颜色略有差别，颜色有绿和红两种，大小和颜色是互不相关的，球是随机地扔出的，即以4种可能的组合：红-大、红-小、绿-大、绿-小，各以相同的1/4的概率扔出。每一个接球者只允许注意她所接球的一个特征，要么颜色，要么大小。如果接球者1发现她的球是红的，那么她就知道扔给接球者2的球也是红的；如果她发现她的球是小的，那么另一位的也是。现在，如果接球者2在接球者1发现她的球是大的之后，检验自己的球的大小，可以肯定地发现自己的球也是大的；但是如果接球者2在接球者1发现她的球是红的之后检验自己接到的球的大小，发现其球小的机会就是50%。如同我们向一对原子发问的情形那样，在这里我们要问相同的问题：接球者2所接的球，怎能“知道”另一球接受了什么检验呢？

这一模型游戏并不打算在任何意义上成为EPR实验的“实在论”解释；毕竟在这里，EPR的批评看来显然是正确的——每一个接球者对“实在”的描述都是仔细但不完备的，因为每人只允许对他们所接的球检验两种性质中的一种。这一模型的目的仅在于，显示粒子那令人困惑的“相关”是量子理论概然特征的结果。为了达到在经典意义下的相关，此种描述**必然**是不完备的，即每一接球者只可能注意到一个球两种特性中的一种，而在量子理论中，甚至完备的描述也会导向这一结果。这就是经典物理学和量子物理学的根本区别。[12]

物理学家玻姆[13]和他的追随者曾经长期致力于为量子理论引进一

种类似于支撑统计力学的经典分子理论那样的决定论的深层物质基础来解释量子概率。这一基础的意义在于构成粒子因而其自身是原则上不可观察的，它们唯一的作用是通过将量子力学概率建立在我们对更基本过程的无知之上，使得理论能更直觉地被接受，而这些基本过程是观察所不可能达到的。于是，按照EPR的结论，相关是一种不完备描述的结果。有一些人主张[14]说要不是历史的偶然性，玻姆的诠释在物理学家中会比哥本哈根诠释更有权威。可能会是这样的，但量子世界不会被剥去它的奇异性，只是它的描述会有所不同：若不在更基础的水平上引入爱因斯坦的“幽灵般的超距作用”所精确类比的内在的非定域效应，玻姆的理论就不能解释量子过程的概然性。换句话说，支配基础的定律**不可能**在直觉上和经典上都易被接受。由于某些直觉要求部分的增加，与正统理论相比，玻姆理论的缺点在于它特别假设了一个不可观察的深层结构，从而违反了奥卡姆剃刀原则。某些形式的量子难题是不可避免的。

贝尔不等式

由EPR论文挑起的争论完全处于哲学水平上，进行了30年没有结论。在爱因斯坦去世后，爱尔兰物理学家贝尔(John Stewart Bell)把立足点转移到了一个在原则上可由实验检验的问题上。对某些现象，他得出了一个数值不等式，必须被任何“实在论的”和“定域的”没有比光速快的影响的理论所满足，但明确被量子力学诠释所违背。让我以一个特例对贝尔不等式给出一种说明。[15]

这一装置是由位于中心的发送器和与之一定距离的两侧各一个接收器所组成。在两个接收器之间没有直接交流，每台接收器有一个三档的刻度盘和一个能发红色或绿色闪光的光源(见图12)。一轮游戏的

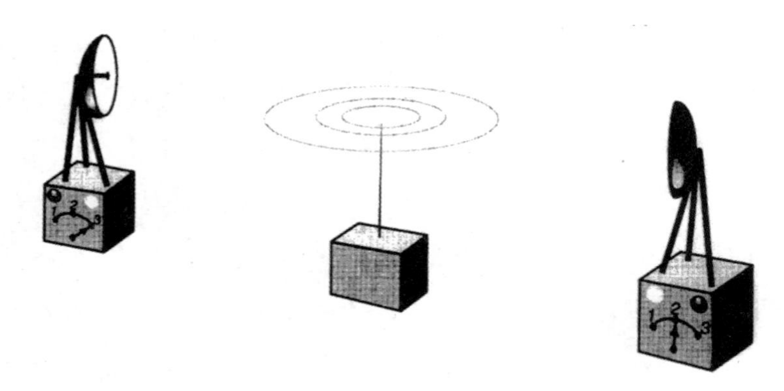

图12　EPR实验的装置：一个发送器和两个具有刻度盘和彩色光源的接收器。

规则如下：在两个接收器刻度盘上分别独立地设档之后，发送器和它们相互之间都不知道所设的档，发送器同时向两个接收器送一个相同的信号，每一个接收器以它的红色或者绿色闪光表示接收。游戏进行许多轮，在游戏中，信号改变和设档都是随机的，其结果被记录下来。

现在设想这一游戏就是所描述的EPR装置，以具有自旋1/2作为信号的量子粒子，其接收器就是SG装置，其定向的角度由刻度盘设档所确定。量子力学的准则导出简单的统计结论：如果不计设档，则**两个接收器闪光的色彩正好是半数相合**。

现在的问题是，如何以**现实的**信号玩这个游戏，以达到同样的统计结果，这里现实的信号具有"实在的要素"的信息，比方说以某种代码发送明确的指令给刻度盘的设档，告诉每一个接收器要闪什么颜色。在2×2×2=8种不同的可能送向接收器的指令（刻度盘上三档每一个都对应于2种可能的颜色），不管刻度盘设档是怎样的，有2种可能总是得到相同颜色的2种光：称这些情况为"所有设档下都是绿的"或"所有设档下都是红的"。既然有3×3=9双不同的刻度盘设档，结果就有18种相同颜色的情况。我把以下情况的证明留给读者，即在另外6种可能的指令中，每一种都会得到5个相同的颜色和4个不同颜色的情况。这样，加起来在72个可能性中共有18+(6×5)=48种相同颜色的情况,即概率为48/72=2/3。因此,任何发信号的现实的方法得到相同颜色的概率肯定大于1/2,这是贝尔不等式的一种特殊情形;不过,量子力学与这一不等式相违背,得到的结果是1/2。(当然,我们也可以得到1/2的结果,乃至更小,这只要在信号到达时,允许两台接收器之间有直接交流,并且可以根据另一台刻度盘上的设档来调整自己的设档的办法就能实现,这就是爱因斯坦所看作的"幽灵般的"。)

贝尔定理提供了一个明确的、可实验验证的程序去判断:是否存在一种更完备的实在理论,像爱因斯坦希望的那样去解释现象?或者是否量子理论——不论是不是实在论的——是我们能做的最好的?事实上,在不同的实验室里,用贝尔不等式进行的许多实验检验(思想实验被改换为真实实验),尽管结果总是对量子力学有利,它们还是有某些争议的。但是,能满足我们用日常语言代替量子理论对微观世界进行实在论描述、并避开"幽灵般的超距作用"的渴求,看来是无望了。

量子场论的至关重要性

量子理论的不可思议和反直觉的结果,不过是来自我们用粒子或波描述世界的强烈欲望。然而,用一种没有这些概念的语言在亚微观水平上描述实在,可以期望许多表观矛盾都会消失。这种语言确实存在:它以量子场论来代替所熟悉的粒子和波。为了解释它的一些入门知识,我不得不绕一个弯子进入量子电动力学(简称QED)领域。QED是狄拉克首创的,在海森伯和薛定谔的新量子力学之后没几年他构思了它。绕这个弯子还能使我们更细致地理解,粒子,如光子(光的"粒子"),以及电子,怎样从量子理论产生,而又没有从一开始就置入其中。

回顾一下,支撑量子力学的想法是,以把一个给定的函数改变为另一形式函数的一般数学对象——“算符”,来代替描述一个粒子系统经典状态的数值的量(例如,它们的位置和动量)。算符具有相互之间不一定能“对易”的特性。换句话说,算符 a 和 b 的乘积取决于它们的次序,$a\times b$ 不一定等于 $b\times a$。经典数值动力学变量被特定的对易性质(规定 $a\times b$ 和 $b\times a$ 的区别是多大)的算符取代称为“量子化”。狄拉克的想法是引入一种与麦克斯韦方程支配的电磁场相对应的程序。

利用称为傅里叶分析的数学变换,可以得到麦克斯韦方程的一种特别有用的形式。法国大革命的积极分子和数学家傅里叶(Jean Baptiste Fourier)发现了以下值得注意的事实:一个十分任意形式的函数可以被写为无限多正弦波列的和,其波长是基本波长的越来越小的分数(或者其频率是基频越来越大的倍数)。从我们欣赏音乐中,对这一数学事实的物理表现是熟悉的,任何声音皆可以表示为各种频率声波的叠加。类似地,如牛顿所发现的,任何光线都可以分解为不同颜色的光线,而这些成分中的每一个分量都具有一个单一的、特定的波长。如果我们把麦克斯韦方程的一个给定解进行傅里叶分析,我们可以问,解的单色组分服从于更简单的方程吗?既然正弦波是存在的最简单类型振荡的曲线,如悬挂在一根绳上的普通摆锤,慢慢地来回摆动,麦克斯韦方程解的每一个单独分量都满足摆(亦称为**谐振子**)的运动方程就不足为怪。换句话说,任何电磁波都可以从数学上看作是实体的集合,每一实体都满足谐振子的牛顿方程。

在许多情形下,经典力学和量子理论对以下问题给出根本不同的回答:当一个给定的系统处于稳定的和不变的状态下,它会有什么样的能量?从经典理论来说,系统具有连续的能量,而在许多情形下,量子运动方程只允许离散状态的能量。对一个给定的谐振子来说,量子化的程序是特别容易的,并且所允许的能量集合也是十分简单的:存在一个特殊的普遍最小的“零点”能量,所有其他将被同等大小的不同级来区分,即它们是在零点能量上加一个“量子”的整数倍。于是,在方程中出现了算符,它把系统的能量从一个能级提高到下一个能级,在数学上可以被表述为**创立**了一个量子的能量,其数值等于振子的频率乘以普朗克常量。

我在这里所描述的基于麦克斯韦方程的量子化,原来就是爱因斯坦光量子(即光子)的QED诠释!如果我们从电磁波的麦克斯韦经典方程着手,并且在它的傅里叶分析形式下进行量子化的数学程序,就能得出结论:给定颜色或频率的光总是来自普朗克和爱因斯坦假定的能量包。值得注意的是,由独立的光子组成单色光,每个光子又带有相同能量,这种简单解释从根本上是一个谐振子的量子力学方程的“意外”性质的数学结果,亦即它所允许的能级都是等间隔的,这是一种其他系统所没有的特点。一个氢原子中电子的能级完全不相似;我们不能把在碰撞以后处于第五激发态的原子简单地描述为是由处于基态的原子加上五个独立量子所组成的。然而,我们的结果还包含一个令人十分不满意的特点:由于麦克斯韦方程的一般解要求无限多不同频率的傅里叶分量的求和,它必须被想象为一个无限多振子的集合,并且因为每一个振子都具有相同的零点能量,这些能量的和总是无穷大!这就是困扰QED的“发散性”之一,在这一理论被接受之前必须以某种合理的程序来克服它。

到现在为止,我只讨论了自由电磁波的量子理论,而没有理会这些波或量子的来源。根据麦克斯韦方程,波的来源是像电子那样的电荷。当没有辐射发出来时,这些电子被认为应当服从薛定谔方程,或者,当考虑到它们的相对性和自旋时,则服从狄拉克方程。使电子和相关的电磁场联合起来自洽,需迈开另一步。像薛定谔方程一样,对氢原子中的电子的狄拉克方程是对电子的波函数的微分方程。这一方程现在要服从“二次量子化”,它是一种以算符代替数值波函数的程序,就像麦克斯韦方程中的数值电磁场函数被算符所取代一样。于是，我们现在有一个量子化了的**物质场**还附加一个量子化了的电磁场。两者之间的相互作用，被进入狄拉克方程的电磁场（作为一种力）和进入麦克斯韦方程的物质场（作为一种源）所表示。这两个场的最后的非线性方程的全部组合，就构成了QED，即一种量子场论，在克服了许多像被费恩曼、施温格尔、朝永振一郎解决的"发散性"这样的数学难点之后，产生了与实验结果令人惊异的、精确的数值上的一致。当单独考虑这一理论中的物质场，并且把所有（电子的电荷）对电磁场的耦合假想都去掉，这时物质场就可以被看作数学上一个算符"创造"的孤立电子，犹如电磁场"创造"的光子。在没有这些耦合时，电子像光子一样完全独立，并且不知道其他事物的存在。不过，当耦合被"打开"后，所有这些粒子都彼此作用，电子辐射光子，光子推动电子旋转，光子像电子一样相互散射（一种由光产生的名为德尔布吕克光散射效应的极小效应），并且n个电子集合的总的守恒能量不单是n个个别电子能量的总和，而是必须包括光子的能量。

我们现在知道许多其他的量子场，它们是由过去60年来发现的各种粒子间的力产生的，但是，因为这些力比电磁力要强得多（即耦合常数要大得多），要根据假定的场方程来计算是极为困难的，因此还不能给出可供实验确证的任何精度的结果。另外，还应提到的是，尽管QED有令人瞩目的成功，在**局部**量子场论上还存在我曾经描述过的巨大的数学困难，其中的场算符（在早先的非傅里叶分析的形式下）可以被设想为在空间某个点处"创造"粒子的数学符号；这里点可以被小的区域所代替。尽管如此，让我们看一看我们从这一物理学家现今看作在所有"实在"描述理论中最基本的方案可以得出什么样的结论。

我对基本实在的看法

前面和上一章的讨论,应该已经使你相信粒子或波都不适于在物理世界基本水平的本体论中占一席之地。它们对日常实在(包括那些小得只有在显微镜下才看得见的物体)的概念化来说实际上是不可避免的,但是量子现象已经使我们认识到,在那个尺度上适于物理描述的语言和观念对更基本地认识物质是不充分的。于是,我的观点是,在亚微观尺度上描述实在的最适合的工具是量子场,它被看作一种"物理空间条件"。与波函数不同,量子场不是"生活"在如你所知的维数依赖于粒子数的位形空间内,而是在三维空间中。经典场已经是够复杂和抽象的了,而空间条件还要复杂,但是,可以由一组数表示的空间条件与由算符描述的空间条件之间**原则上**没有区别。[16]确实,正在进行着的几何观念自身的"量子化"尝试,最终可能导致物理学中最深层的未解决问题的解决,使引力理论与量子理论达到协调。用全部"在物理空间和时间中的一点"(遵从上一节提到的**禁令**)的所有场算符的和,来达到我们所能得到的对基本实在的近似表示;因为在这种水平上理论对粒子和波都不是明显需求的,它是一种彻底的场观点。施温格尔描述量子场说:"粒子的离散性和场的连续性,这两种完全无关的经典概念,现在统一为一种全新的概念;如果没有统一,就超越。"[17]况且,场是决定性地演变的:场方程是对时间的一阶偏微分方程,它意味着,就像在经典力学中质点运动的哈密顿方程一样,如果它们的现在是已知的,它们的未来就是能确定的;在第八章的解释中,相对论因果性也被考虑进去了。

然而,为了与这一实在接触,我们必须观察它,而且我们观察结果的报告必定以日常或经典语言可以描述的实体,比如波和可定域的粒子来表达。关于理论的结果(包括观察粒子的概率,它们的数目,它们的动量)的所有陈述,皆可以由基本场通过已确立的量子理论法则方便地计算出来。在这种绘景中,波粒二象性因何为真的基本物理描述而完全消失了;粒子和波,以及与它们相联系的难题,只进入了对观察或测量的描述,我们对之除了使用一种适于我们感官理解力的语言外,没有别的选择。

1958年,海森伯答复薛定谔作了如下多少有点含义模糊的注记:

> 只有位形空间中的波……是通常诠释的概率波,而三维的物质波或辐射波则不是。后者有和粒子一样大小的"实在性";它们同概率波没有直接的联系但有能量和动量的连续密度,如同在麦克斯韦理论中的电磁场那样。[18]

从上下文看不出当提到"三维物质波"时他所指的是什么,但是,看来很可能指的是量子场,这和我持的观点相同。我关于我们的语言不适于描述实在的论点,也和他在早期呼吁在亚微观水平上放弃"Anschaulichkeit"[19](可视性)相类似。但是,海森伯把粒子概念放到了一种更基本的水平上;对他来说,粒子总是第一的。相反,薛定谔问道:"理论物理的目的仅仅是把粒子相互作用和分离时所有可能发生的事情编目吗?或者它将在一种更深水平上的认识,其中的事物像在场中的事物一样不能被直接观察,但是根据它我们将有更基本的认识?"[20]在我看来,粒子只不过是对我们观察之描述的表现。它们并不完全是我们的创造,从某种意义上说它们是外在的东西,它们不是基本实在的一部分。粒子本身可以看作是场的次要性质,类似于洛克赋予它们的特点。它们的存在不直接依赖于我们的身体感觉——视觉、触觉、嗅觉、味觉和听觉,但它们确实部分地依赖于这些感觉通过最复杂的和强有力的测量装置的延伸。这是否意味着当我没有看时,月亮就不在那儿了呢?或者当我离开屋子后,我工作的桌子就消失了呢?根本不是。

日常水平的实在和亚微观水平下的实在不同，尽管两者之间是有联系的。在量子意义上从场到“粒子”所走过的复杂路径，以及从这些没有可识别轨迹的“粒子”到我们可以触摸、搬运、塑造并可用来建造房屋的大块物质，都是原则上明确的。

因此，就我们所能确定的来说，亚微观水平上的实在完全是由量子场组成的，并且所有的波粒佯谬（wave-particle paradoxes），都是我们需要用一种日常语言去描述一种实在，而这种语言对此又是不适宜的。当然，“量子世界的奇异性”并没有消失，其根源应当在基本实在和我们的语言装备的失配中去寻找，而不是在实在自身中去寻找。回忆玻尔所说：“不存在量子世界。只有抽象的量子力学描述。”如果“量子世界”指的是粒子和波所居住的世界，我必须同意；如果指的是量子场的深层世界，我不能同意，因为在这一世界中，我们用量子场的非直觉语言进行的数学描述没有理由达不到实在。量子场对“外在”的东西可能表现得十分抽象，但那是大自然存在的方式，我们不能改变它。人类的语言和直觉已经从经验可及的演化到我们在宏观水平上的感觉能力；如果把它们用于我们的感觉达不到的大自然的那些部分，肯定会让人感到惊奇的。

这里不存在量子场是任何哲学意义下“终极实在”的暗示；康德的**自在之物**（Ding an sich）是永远接触不到的，所以，在科学上毫无意义。量子场的实在是**非直觉**的（unanschaulich），并且在未来有可能取代其位置的任何其他数学描述也一样是非直觉的。但是亚微观的实在对我们不会永远封闭，只是由于我们直觉概念的工具不适用；数学的语言和工具是强有力的，因为它们使我们能够对超出日常尺度所及的概念进行研究。从根本上说，这就是为什么数学对物理学来说是必不可少的。

注释:

1. 波函数"实在论"诠释的这一困难,被荷兰大物理学家Hendrik Lorentz在1926年5月27日致薛定谔的一封信中指出(见Przibram, *Letters on Wave Mechanics*, p. 44),薛定谔在他1926年6月26日的复信中说明,他早已知道这一难题(同上,pp. 55f)。

2. 更准确地说,波函数绝对值的平方根(它通常是数学意义上的复数量)乘以无穷小体积元,等于在该体积元中找到粒子的概率。为简便起见,我们假定系统的状态如同量子力学所允许的那样是完全指明的。

3. 这就是冯·诺伊曼在他的量子理论数学表述中将测量与状态制备等同起来的原因。

4. 它必须由密度矩阵所描述。

5. 用专门术语来说,此种关联是这两种状态之间明确的相位关系。

6. Popper, *Quantum Theory and the Schism in Physics*, pp. 72–74.

7. Monroe et al., "A 'Schrödinger cat' superposition state of an atom".

8. 这里,我们将忽略用波函数描述在任意时间长度内不断与其环境接触的极其复杂系统是否有意义的问题。

9. 出自*The Born-Einstein Letters* (New York: Walker, 1971),转引自Mermin in "Is the moon there?" p. 38。

10. Einstein, Podolsky, and Rosen, "Can quantum mechanical description of physical reality be considered complete?" p. 777;强调字体示原文中的斜体字。

11. Bohr, "Can quantum mechanical description of physical reality be considered complete?" p. 696.

12. 用某种更为抽象的概率术语,这种情形可以作如下描述。对由两个(或多个)粒子组成的系统的联合概率陈述,自动导出对其中每一个粒子的**条件**概率:假定粒子工具有特性b,则找到具特性a的概率是多少?若这一概率依赖于b,则两个粒子相关联。于是,确定粒子1是否具特性a的任何观察结果的概率,将必然依赖于对粒子2的观察结果,这看上去像"幽灵般的超距作用",并提出问题:"粒子1怎么知道粒子2的?"只有在联合概率恰巧为单独概率之积的特例下,粒子1的概率才不依赖于粒子2的特性;在此种特例下,两个粒子是独立的而不是关联的。

13. Bohm and Hiley, *The Undivided Universe.*

14. Cushing, *Quantum Mechanics.*

15. 这种形式见Mermin, "Is the moon there?" pp. 38–47。

16. 我不赞成Paul Teller在*An Interpretive Introduction to Quantum Field Theory*, pp. 97ff.中的混淆视听的声称:量子场不能诠释为空间–时间的**算符取值**的场函数。

17. 转引自 Schweber, *QED and the Men Who Made It*, pp. 355ff。出自 Schwinger 于20世纪60年代初一篇未发表的演讲,pp. 62–64。

18. Heisenberg, *Physics and Philosophy*, p. 143.

19. 这个词为海森伯于20世纪20年代频繁使用,但在30年代期间,可能是出于政治原因,他修改其公开提法而摒弃它。

20. 出自Schwinger未发表的演讲p. 73。

第十一章

真理和客观性

在这最后一章中，我要转向本书的主要目标，即对**真理**的讨论。让我首先简要回顾和总结前面各章中所提供的背景。物理科学的中心目的是认识和解释自然现象，其主要工具是能够得出服从于观察和实验检验的预言成功的理论和定律。事实是形成理论的根本基础，不过在许多场合，事实和理论是相互纠缠在一起的。理论发端于人类的想象，并且受各种审美的、心理的、社会的、文化的影响，从历史的观点来看，这些影响是重要的。不过这些影响对其被接受、对其持久性或对其被拒绝从根本上说是不相干的。可证伪性和被公开的可接受证据成功证实，决定了何种理论存、何种理论亡。

约定论学派主张至少有一部分切实可行的科学理论是一些约定，我已经说明了在有些情形下确实是如此。不过这种科学观并不就此为止；有一种特别的、约定论的当今变种主张，科学的理论和发现是社会和政治的影响和压力的特定结果。它的有些信徒走得如此之远，以致宣称**所有的**科学陈述（甚至事实本身）都是社会建构，其全体就是我们所称的“大自然”，而且这些建构与外部实在全然无关。对此，我无疑是坚决反对的。

在科学的解释原则中，最为有力的是因果性原则。不过，尽管亚里士多德的动力因观念被休谟所推翻,但它的后继者,以不变的或统计关联的形式,包括在原因及其结果发生之间的延迟,却继续起着至关重要的作用。量子理论第一次在一种基本层次上将概率的概念引进了科学,同时推翻了以经典物理语言陈述的波和粒子的实体的因果性,否定它们的过程在不引进奇怪的、反常的、长程影响的条件下可以被因果性地描述。当这一理论给出所有的波是粒子的观点时,它和相对论结合起来使得基本"粒子"的概念自身变得模糊和令人困惑了。我的结论是,基础的实体必须由量子场论来描述,并且量子世界的怪异性质乃是这一实在和必须表达观察的语言之间的一种不调和的结果。那么,我们就留下最基本的问题:这里所描述的科学是否是**真实的**,它的真实内涵是什么?

不同学科中的不同真理

首先,我们都认为存在各种真理,这种强调并**不**是说"所有的真理都是相对的"。天主教徒断言教皇的宣布是真理,他头脑中的意思是什么,读者在赞赏狄更斯(Dickens)的《荒凉山庄》或者莎士比亚(Shakespeare)的十四行诗的真理时的含义是什么,观众在毕加索(Picasso)的画《格尔尼卡》中发现的真理是什么,而科学家确信超导的BCS理论的含义是什么,所有这些是不同的。我不打算阻止不同真理在它们自己的氛围下的价值,只想涉及科学这类真理。"真理"一词在科学的、宗教的、精神的、历史的、审美的或艺术的意义下都一样会遇到,遗憾的是,它们是不可通约的;没有一个人有权否认,一个陈述在该词的一种意义下为真,是因为它在另一种意义下为假或无意义。

举一个更具体的例子,进化论的反对者作为达尔文进化论科学理论的竞争者,假定存在一个造物主来解释地球上生命的多样性。如在

第四章指出过的，在某些形式下，进化论是一种可证伪的科学理论并有大量的证实证据。有人可能会拒绝这种证据的力量并且无需离开科学的领域而怀疑这一理论，但有些批评者声称，存在一种性质完全不同的唯一的存在作为生命的基础。如果这种存在是物理世界的一部分，我们就可以从科学的角度考虑她的性质，她与宇宙其余部分作用的功效，或者她的历史。因而，关于生命的起源和发展的科学问题，造物主的假设并没有给出回答，只是把它转移到另一个层次上；生命为一种力所解释，而这种力本身也需要解释。不过，这种问题是那些达尔文主义的反对者所抵制的。这个独特的造物主由于它的神性，可以不与科学的检验和判据打交道，这意味着在科学的意义上，上帝在科学上是**特设的**(*ad hoc*)或多余的。因而，“创世科学”，其真理的意义是另一种秩序，无论如何，不是像科学那样是可接受的；它的目的乃非科学的，这两类真理是不可通约的。

另一方面，有谁在大爆炸之前见到过神圣的造物主工作呢？如果那个初始的瞬时确实是一种**奇点**，在这种真实的意义下，科学关于“从前”什么也不能说；不存在科学的理由反对其有效性乃建立在另一种真理判据之上的论点；即使这种论点与某些宇宙学家的猜测相冲突，这种猜测自身的科学价值也是可疑的并且主要具有情感价值。

歌德(Goethe)对牛顿光和颜色理论的反对，代表了另一个出自不同领域中的真理的碰撞的例子。这位文学巨匠在他临终之际，却认为他的“科学的”工作比起他的诗更有持久的重要性。他不同意牛顿关于白光从根本上是各种颜色的成分所组成的理论，它代表了一种肢解，违背了大自然的完整性和诗人最喜欢的审美价值。一个多世纪之后，在第二次世界大战期间的纳粹德国，这一可尊敬的德国浪漫主义巨人与英国辉煌的冷静理智的天才的冲突，具有巨大的感情上的和政治上的意味。海森伯企图去缓和这一冲突，在1941年于布达佩斯的公开讲演中质疑其中真正存在的问题，他说：牛顿在科学内部是正确的，而歌德的真理属于另一种不同的秩序。赞同牛顿到物理学被关注的程度，并不要求你反对歌德的另一种基于经验对待大自然的方法。尽管他确实违背了歌德的意图，但海森伯巧妙地采用了在科学和人文主义中不同的真理含义，以免伤害冲突的双方。

何为科学真理？

当我们说到某些事情的真理时，首先要注意的是某些事情必须有一种陈述或一种**断言**；与通常的用法不同，说一种事实或一种性质的真理是无意义的。[1]"'事实'本身……不是**真的**。它们只是**存在**，"[2]詹姆士(William James)这样提醒我们。这样的主张并不是卖弄学问或吹毛求疵。陈述一种主张是想去交流，因而要求概念和语言的可传递性：因此，真理是不能同人类的概念和我们的语言工具相分离的。哲学史充满了纯系起源于语言的争论；看来"深奥难懂的"陈述使得一种文化的语言有时不可能翻译为另一种缺少一种文法结构的语言。[3]知道了语言的缺陷，在涉及"真理"时会使我们更加小心。

进而，以真理的**定义**或**含义**为一方，以辨识它的**判据**为另一方，区分这两者是有用的。给你一张寻找大峡谷的地图和告诉你大峡谷**是**什么，并不是一回事。你可能会问，如果我不知道它**是**什么，当我到达那里时我怎能认出它呢？不过科学并没有提供一种闪亮的标牌，刻着对**绝对真理**的永恒的描述；它仅装备有一种有力的火炬以帮助寻找，或者是当你接近它时提醒你的一种嗅觉。因为本书不是一本哲学教科书，我主要讨论的将是判据，而不是真理的抽象定义，不过下面的简要考察还是有帮助的。

通常当我们声称一个断言为真，它的意思就是亚里士多德所说的：

它“对应于它所描述的事物状态”;一个真陈述是一种“自然界的表现”或者是它的反映。事实上,“这朵花是红的”这一陈述为真,当且仅当这朵花是红的时。逻辑学家塔斯基(Alfred Tarski)[4]甚至把“真理的对应理论”纳入形式逻辑。对于那些非哲学家,这种定义看来是那么地显而易见因而无需提起,但在基本科学的语境内其含义却变得更为模糊了。“这朵花是红的”所描述的“事物状态”是足够清楚的,但是当这种陈述是一种科学理论时,就变得不那么清楚了,特别当我们提及大多数的理论皆是具有仅仅近似可适用于大自然的抽象和简化之时。牛顿运动定律所描述的“事物状态”是一种清楚的概念么?EPR实验中的事物状态是什么?尽管对应理论确有某些可取之处,但当我们思考它的意义的时候它就变得模糊和昏暗了。因为在这里定义真理不是我的主要兴趣,我不想更多地驻足于它的含义上,特别因为对应很难作为一个判据来使用。

我所主要关心的是去问,真理是不是**相对的**:在科学内部是否存在多种真理——真理是否取决于旁观者的视角?对这一问题的一种肯定回答,乃基于“透视论者”科学理论的核心和所有在第二章描述过的其他相对主义[5]意见之上。基于建构论者途径的真理理论,乃为**认同的真理**。按照这种观点,一种文化的成员的认同不仅是一条在一定限度内可自我辩护的通向真理的好的路径,还能**定义它的含义**;换句话说,认同是有效性的唯一判据。这就是为什么把科学当作无非是一座靠团体认可而竖立的大厦的建构论者,认为“外部存在”的大自然与科学真理的最后确定无关。按照他们的观点,大自然无非是这一建构。回忆拉图尔和伍尔加的宣言:“科学活动不是‘关于自然界’的,而是一场**建构**实在的激烈战斗。”[6]从这种观点看,科学看起来像是一座为了近距离研究一个大洞穴里墙壁上的史前绘画而搭建起来的脚手架,当你设法穿过密密的栅格和梯子的时候,你发现那里根本就没有绘画,脚手架只是为了它自己的缘故竖立在那儿,并且这里的艺术品只是由专家的研究报告构成。

真理的这种定义不可避免地导向相对主义,因为不同时代或不同文化的居民愿意采取不同的真理,于是没有办法去进行跨文化的比较或区分。"我们是被捉入我们的理论、我们的期望、我们的过去经验、我们的语言框架中的囚犯,"波普尔承认。

> 但是我们是匹克威克意义下的囚犯:如果我们努力,在任何时候我们都能打破我们的框架。不可否认的是,我们将还在另一层框架中发现我们自己,不过那将是一种更好的和更宽敞的框架;并且我们在任何时候还可以再次打破它……
>
> 在我们的时代,框架的神话是非理性主义的中心壁垒。我的反命题是,那不过是把困难夸大为不可能。在不同框架中成长的人之间的讨论固然存在着某些困难。但没有什么比这种讨论、比这种曾经刺激了某些最伟大的智力革命的文化冲突更富有成效。[7]

对于哲学家罗蒂(Richard Rorty)[8]来说,追求真理无非是"启迪对话";他忽略了被哈金[9]所强调的构成活动基础的事实。假装真理没有重要地位,是没有什么意义的;在不同的领域中,它具有不同种类的重要地位。在科学中,"知识对行动的影响来自它的预言力"。[10]齐曼正确地指出,并且这种影响是可观的。"对话"或者讲故事,对描述我们对真理的探求不是一种适当的方式。

为什么真理的认同理论是不恰当的,还有另一种理由。我承认,科学的断言在大量检验之后被接受进入真理的主体,最后成为认同的,用齐曼的术语来说也必然成为**可认同的**,这个词表述在一种科学认同的基础上被接受或拒绝的可能。然而,这很难说是它们的最后情况,总是有潜在的怀疑的残余。如果赞同是真理的**定义**，可认同的科学陈述将不像通常那样倾向于精确，而将尽可能地倾向于模糊。在日常的政治和国际外交中，我们看到了模糊性的价值——越是不精确，便越可能达成一致。进而，虽然普遍一致可能适当处理基于认同的真理的内部有效性，但它不能说明科学真理对外部世界的巨大的功能价值。

从心理学观点来看，认同理论可以看作行为主义泛滥的一种表现。[11]恰如行为主义者们所定义的心理状态、感觉和思考完全外在地表现在行为上，所以真理被它的行为表现所定义，即公众同意。作为真理的一种定义或者一种充分判据，认同理论必须作为狂想被抛弃。

众所周知的三个盲人摸象的尝试可以作为我们目的的一个比喻：第一个人摸着象的鼻子，第二个人摸着尾巴，第三个摸着一条腿。当然，对这只动物的描述都是不适宜的，并且很难调和。真理有许多外貌，甚至在科学内部，从不同角度接近它可以得到不同的形态。例如量子力学几乎同时有海森伯和薛定谔提出的两种貌似不同的方案。在第六章，我拒绝了科学理论的归纳模型，它是一种从数据引向理论的清晰的、独特的归纳过程，多年来被科学哲学家鼓吹但并未流行。更为合意的是波普尔的演绎观点，即理论是人类想象力的产物，它们的有效性依赖于它们的结果与观察事实之间的符合。因此，我们不敢保证没有若干同等有效的理论在竞争。它们都是同等为真的么？难道我们不期望巴罗的半人马座α星的外星人的科学理论与我们有所不同么？这种情形在旁观者眼中是否远离了真理？

在回答这些问题时，让我从大多数科学家所赞同的观察开始，即理论从根本上说从不为真：顶多是接近真理。库恩[12]通过引申了达尔文的类比，在科学社会学家中掀起了相对主义的时尚潮流。达尔文最革命的概念是，生物进化完全没有目的。类似地，库恩认为科学进步不是**朝着**任何诸如真理之类的事物；它仅仅是演化。这意味着我们应当期望巴罗的外星人科学和我们的科学是不可通约的,他们建造宇宙飞船或远程通信的能力很难与我们的协调,我们也一样。科学哲学家希莫尼(Abner Shimony),(回复到笛卡儿)将发现大自然的定律与翻译密电码进行类比,来回答库恩的主张。

> 假设我们有这样一种文本,在经过大量的猜测之后,尝试解读已经变得越来越一致起来。这种成功可能仅是一系列巧合,以致尝试解读是在一条完全错误的轨道上。但是,比起最后成功的巧合来,看起来更有点像是已经找到一种对正确编码规则的良好近似。库恩关于真理在科学进步中不起什么作用的命题,类似于保持不断前进的一致的解读就可能产生甚至在原始信息和编码规则上所没有的事情。[13]

一致性判据

在三个盲人摸象的隐喻中,我忽略了象的至关紧要的性质。尽管那三个观察者以不同的方式感知了这只动物的特性,因为每人摸到了同一动物的不同部分,但如果他们并不坚持原地不动,而是以这种方式沿着皮肤摸索,达到其他地方,最后会得到结论,他们原先认为的不同的实体,或不可通约的一个实体的不同版本,是一个统一的整体,即一只完整的象。这就是识别真理的中心要点。

布罗诺夫斯基讲述了一个故事,来自希普顿(Eric Shipton)在1953年和他的西藏同伴安格塔开(Angtarkay)攀登珠穆朗玛峰的描述,当他爬上了山峰时,从北面看他是熟悉的,而从南面来看这座山还是第一次:"我立即认出了对我们在绒布(在山北面)是如此熟悉的山峰和山坳。……而对安格塔开就严重了,他和我一样从另一面知道这些特征,他在孩童时代曾经有许多年在这个山谷里放牧牦牛,直到我向他指出之前，他实在没有认出它们是一样的。”[14]确实，由不同的山谷看一座山峰展现了变化多端的特点。识别这类事实，对于取得这一领域的一致印象至关重要；没有它，我们只有一堆杂乱无章的、不完全的印象。

为了确定一种陈述的真理，最重要的判据是它同已经被认作真的断言的网络相**一致**。显然这不能作为在孤立条件下一个命题是真理的定义，也不能作为确定一种孤立的报告是否为真的方法；它只能作为一种为了在陈述的整体上以及对个别断言在较大语境内识别其真理的判据。詹姆士认识到，一致性是此种实用主义判据的重要组成部分，“现在的概念与我们精神装置中全部其余的学问（包括……我们以前获得真理的全部存储）之间的一致性”[15]给我们以满足；它导向**秩序**。而何为科学中的真理，布罗诺夫斯基认为，仅仅是“一种事实的条理化”。“我们把我们的经验按一定格式来组织，把它形式化，做成科学定律的网络。”但是，科学没有，我们的生活也没有

> 跟定一种定律的程序表。我们围绕概念浓缩定律。所以科学把它的一致性、它的智力和想象力汇聚在一起，定律在概念处相交，就像在网格中的接点。万有引力、质量和能量、进化、酶、基因和无意识，这些都是科学的大胆创造，在其上的强有力的看不见的骨架，说明了世界的运动。[16]

科学家在各种各样的环境中使用一致性检验，不仅应用于一种技术的范围内，去判断一个新的局部理论与另一个较大较普遍的理论是否相一致，而且经常在更普遍的范围内，是被非正统观念反对的结果，这些反对者有时抱怨他们的观点没有被认真对待。例如，心灵学的支持者长期抱怨科学家对他们的“科学”实验结果拒绝给予认真注意。研究者们有理由拒绝听这些声称，拒绝仔细考察或反驳它们，因为它们和其余的科学知识不一致，但在这样做的时候，他们使科学共同体被指责

为“精英主义”和思想保守。当然,令人吃惊的、不和谐的、长期被“权势集团”忘掉了的事实,有朝一日又被发现了,产生了一种新的具有它自己一致性的范式,这是可能的。不过,科学知识的主体现今是如此庞大,使得这种情节极其不可能,如果认真地小心地考察每一种落在科学知识一致性罗网外的断言,将会一无所获。一种全新的效果将要求一种非常令人信服的证明去说服科学家给予注意,如果效果是真实的,它终将被接受。克服科学家的自然的保守主义是困难的,但不是不可能。

科学真理主体一致性的判据,大部分基于科学**工作**的老生常谈。这种观念包括许多全然不同的想法:(1)科学的概念和解释具有能够被每一个人观察到的实际的结果——望远镜和计算机是我们每天使用的技术的生长物;(2)基于科学理论的预言实现了——广义相对论预言光线要被太阳弯曲被后来的观察确证了,量子理论预言电子束将服从于衍射被细致的实验证实了;(3)当一种已经确证了的理论隐含某种从未发生、确实也不会发生的现象时——比如物理定律排除无需能量输入的永动机工作的可能性,即使经过许多次尝试,仍然没有建成。和社会学解释不同,“科学工作”一语不打算包含指向社会结果或某些人的利益;凯勒提出“毕竟,科学提供强大到足以摧毁乃至它们的制造者的工具,这种工作到底为了谁或为了什么?”[17]这一问题是牛头不对马嘴。“科学工作”绝大部分是**智识上的**,即它提供了一种理解世界的合理的一致的结构,并且这种理解是广泛有效的,包括它对我们经验外部世界的一致性和有能力在常规基础上作出成功的预言。

即使这座大厦的若干部分可能被发现是朽掉的,科学真理主体的一致性是用它在长时期的稳定性来解释的。齐曼正确地观察到:“科学知识最终成为一种定律、模型、理论原理、公式、假说、诠释等等之**网**或**网络**,它编织得如此紧密,以致全部组集比单个成员强得多。”[18]不同于其他多种真理,科学真理并不建立在其任何部分都被持久接受上。没有一个文件其每一个词都必须被确信,才能防止整体的崩溃,科学家们也不能指望他们最偏爱的理论永远有效。不过,科学**结构**将是持久的。

对科学家来说,他们竖立的真理大厦是美的,而且这种智力之美,如庞加莱所认为的,在他们的“长期艰苦的劳动”中激励着他们,这要远远超过“人类美好的未来”[19]的激励。正是由于这座建筑令人赞赏的一致性,科学家们在科学大厦前可以看到很多发现的壮观。另一些人强调科学真理的**简单性**,但他们不过是在表达他们对一种一致性的喜爱,在其中没有无关的因素和**特设的**装饰。换句话说,美和简单性都对科学真理的一致性有所贡献。

使用一致性作为真理的首要判据产生了是否若干竞争的真理主体可能并存的问题,其中每一种都是自洽的。不可否认,一种或另一种内部一致的系统在过去曾经出现过。确实,有那么一些人炮制许多内部一致的基于神话和传说的信仰系统,并且提出它们是现代科学的同等正当的竞争者。不过,在这种主张中的一致性的含义,总是有限制的并且总不能扩展到经验的全部外部世界。占星术不“管用”,巫术亦然,它的信徒的想象除外。科学的早期形式是传说中的知识的内部自洽的主体,但由于新的事实被发现后它们丧失了与外部世界的一致性,它们就要被取代。无疑,我们的科学在未来的科学家作出他们的发现后,将失掉其现在的一致性。这就是为什么今天的科学比起中世纪的科学更接近真理,并且22世纪的科学还要更接近一些。说巴比伦的“科学在当时为真而在现在为假”,我们的科学“现在为真,而千年之后为假”都是不对的,但是我们确实比以往更为接近地趋向真理。尽管库恩这样说,但科学**就是**在进步着。

真理和想象的调和

逐步地、渐次地趋向真理，怎样能够与我那早先的断言——科学理论是人类想象以不由“事实”唯一确定的方式简化大自然的产物——相调和？怎样考虑在大自然的定律中存在的约定要素这一认识？巴罗的外星人不可能有与牛顿运动定律或我们的量子力学的准确的类似物。首先，由于**没有精确地与大自然符合的理论，以致存在各种各样的理论去解释大量的事实**。某些物理学家[20]认为，我们有两种竞争理论的好例子，在同等的范围内每一种都随另一种而变化：量子力学的正统形式与由玻姆及其追随者提出的含有不可观察的“隐变量”因果性作用但非定域作用的截然不同的理论。玻姆的理论被大多数物理学家所忽视，原因在于它的预言好像与那些传统的量子力学相合，使得它没有特殊的意义。另一方面，它对实在的观点，由于其非定域的特点，与哥本哈根诠释有很大的不同，也使人迷惑。这类分歧是与外星人文明联系将会引起极大的兴趣的一种理由。如果一种科学理论在任何根本意义上（严格对应于“事物状态”而言）都成立，就可能不存在解释的分歧，不过很少有科学家相信理论代表根本的真理。

量子理论告诉我们，我们必然基于日常尺度经验的概念和语言工具，与比该尺度远小的实在是不相匹配的，我认为这种不相匹配导致了亚微观世界怪异的非因果性的表象。因而，可以设想如果巴罗的外星人是数十亿倍地小于我们，他们的经验将和我们的十分不同，他们的概念将能更好地描述在亚微观尺度下实在性的真理。一位严肃的科幻小说作家介绍了一个栖息着这种微小智慧动物的世界，不过，这也暴露出了他对物理学的无知。产生像我们这般大小、会思想的动物的进化不是偶然的；有充分的物理学理由说明为什么我们既不能以10的许多因次放大也不能以10的许多因次缩小。巴罗的半人马座α星也必然与我们一样,有同样的困难去理解亚微观实在。在亚微观尺度下,真理与实在变得不可捉摸和概念模糊,对世界的结构和对无论何处可存在的生命进化都是内在的。这不是纯粹的人类缺陷。

那么,怎样的科学主张可以认为是真实的?请记住:我们不是在寻求终极真理和永恒真理,而总是寻求临时真理和近似真理。我们必须承认,在事实、理论、模型、比喻和类比的论断之间有重要的区别。因为一些实证主义者认识到,描述我们感觉的印象和它们以有力工具形式延伸的个别事实的陈述,是最可靠的真理,所以他们企图把科学建立在仅仅是"指示器读数"的记录之上。然而,如我们所知,**个别**事实对科学用处不大;**普遍**事实的陈述是这样的——"质子的质量是1.67×10^{-24}克","光速是3×10^{10}厘米/秒","物质由原子和分子组成",等等。因为它们的普遍性,真理的对应定义对这种断言不管用。它们直觉的和启发性的意义被最充分地捕获,不是把它们定义为在证实它们时的实验或观察的程序,即给它们以一种工具的意义,而是把它们建立在一种有一大堆其他事实陈述和理论内部的一致性的支撑上。我们相信物质原子理论的真理,不是因为任何一个特定的实验结果,也不可能有个别的实验能阻止我们的信念;我们相信它的真理,是因为它与物理学和化学的各个分支领域的大量不同观察相一致。要否定它,无异于是彻底的空想,并且我们发现很难有像马赫那样一位令人尊敬的物理学家,迟至20世纪之初还表示对这一信任的怀疑。

显然,模型、比喻和类比缺乏真理的属性。如上所述,事实上,**模型**一词通常是强调这种不足;比喻和类比充其量在非科学的意义下是有启发的或真实的。但是,相对论的真理或者麦克斯韦电磁理论的真理又怎么样呢?诸如"光由光子组成"和"物质由波构成"此类的陈述又怎样呢?如上所述,理论通常是虚构的精神建构,被它所隐含的预言与观察事实之间的符合所确证。看到外部世界中的“事物状态”相符是十分困难的。因为，它们总是事实与事件之间关系的简化和抽象，甚至合并了约定的要素，至何种程度，它们还能被看作**真实**的？这些简化、抽象和约定的混合物只不过是方便的。“但是[它们的确是]方便的，”庞加莱写道，“[它们]这样不仅对我，而且对所有的人都是方便的；[它们]将对我们的后代依然方便；最终这就是真实，这不偶然。”[21] 换句话说，当说到大自然和实在的**某些事情**时，一定的约定和简化是方便的和有用的，因而至少在试探性的和部分的意义上，很难否定它们真理的地位。同我们一样，半人马座α星人的理论抓住了部分真理，恰如三个盲人都摸到了大象的一部分。

然而，当对量子理论的结果以波和粒子来表述时，我们又陷入前面提到的语言学困境。因为真理是一种陈述的特性，必然用日常经验演变而成的语言来陈述，这种语言不适于亚微观世界，我们不能称这种量子理论的断言为真。不可能找到一种明确的“事物状态”与它们对应，而且，缺少完全一致性构成了一种关于量子理论的著名难题。因为靠诸如原子、分子、中子、质子、电子等等粒子，物质的描述在一类很大的现象领域展现了一致性，拒绝它作为一种部分真理的属性是荒唐的。然而，“电子是粒子”或者“电子是波”的陈述都不能说为真；另一方面，“电子表明自己有时是粒子和有时是波，依赖于我们应用观察的方式”这一陈述为真，不过这不是关于实在，而是关于我们怎样感知实在。赋予对亚微观世界的描述以真理品质的唯一被认为有意义的形式是，如上所述，这一世界具有实在性，即关于量子场的抽象的和非直觉的断言以数学语言作出。这并不意味着量子场论可以期望为永远为真，而不可能被另一理论所取代；就像我以前强调过的，所有的科学真理都是暂时性的。但我们不可能避免这种不舒服的结论：有些关于大自然的科学真理，为了移去日常的冗繁叙述，要求以一种抽象的语言来表述；任何把它们翻译为更直观形式的企图,都使它们要么为假要么无意义。

这一结论中包含着一种重要教训:尽管每一种真理都要求用一种语言去表述它,这种语言却不一定使用通常话语中的词和概念。我的意思并不是给蒙昧主义者(在科学之外有足够多的蒙昧主义者)以支持和安慰,不过在最基本的物理学水平上,我们将看到用直觉的语言表述实在之真理如何之不可能;确实,每一次这种尝试都终结于自相矛盾和混淆。作为能够以描述这种真理为目的的仅有的词汇,是抽象数学。"凡我们无法说的,我必须保持沉默,"维特根斯坦如是说,不过如果他不打算把数学符号纳入讲话的范畴,他就是错误的。同*Anschaulichkeit*(可见世界)相脱离的数学语言的十分抽象性,如其大体所示,作为不可缺少的交流目的,用任何其他语言"我们都无法说"。依靠数学,我们可能趋近关于实在某些侧面的真理,否则它们便依然隐而不露。因此,许多科学家当他们向公众传播他们的思想时,那种出名的词不达意,不完全是由于一种无能或者不愿意使之广为了解。这(至少部分地)是他们的论题内容本身的内在的问题。

人类的思考过程是否需要使用语言是一个争论不休的论题,我无法在这里解决它。布里奇曼强调说在他的大多数思考中,他不使用词,并且因为他反对过分的抽象,就不大可能用数学来思考。但是,不管科学家以何种形式进行内部推理,他们最终必须把确信他们发现的真理向其他人传达;私人的科学是一种逆喻。在此种程度上,那些社会学家是正确的:确实,科学是一种社会活动。从而,科学真理在其最广泛的意义下不能脱离语言,包括数学语言。[22]

客观性

客观性概念是通向真理之路上的一块路标。如上所述,现代科学的首要特点是它对公开的可确定知识的依赖;最重要的是,它的真理是**公开的**。柏拉图认为寻求真理之路是去求教于一位贤人,但是科学陈述的有效性并不是基于任何领袖或专家的宣称之上,尽管这种方式有时对局外人适用。它基于原则上能够被任何人用所需基本知识和仪器予以核验(这显然是一种难于逾越的障碍)。为此,皇家学会把 *Nullius in Verba* 作为其座右铭,它从贺拉斯(Horace)的 *Nullius addictus iurare in verba magistri*("不要被天主的誓词所限制")删节而来。

一位临床心理学家有一次叙述她孤身一人在办公室里看到早就故去的普莱斯利(Elvis Presley)的个人经验。她解释说:"在事情已经过去后,我理解了存在比我过去承认的多得多的精神和人类灵魂,如果我打算去做一个完全的人并且对其他人有帮助的话,我必须认识到这一点并让它完全地影响我。我本能地低下我的头,双手合在一起作祈祷状。当我再看一次的时候,他已经不见了。"[23]这并不是说科学家如何取得真理;因为私人的叙述不能作为标准。皮尔斯(Charles Sanders Peirce)说得对:

> 除非真理被认为是**公开的**,即如果他虔诚寻求不可动摇的信念的追问足够持久,将足以使**任何**人都信服,那么,没有什么能阻挡我们每一个人从所接受的完全无用的信念中解脱出来。每一个人将使他自己成为一个小小的先知者,即一个小小的"狂想者",他自己狭隘性的弱智的牺牲品。[24]

趋近真理的科学途径这种公开品质是客观性所不可缺少的,反之亦然——科学必须置于普遍的监视之下,而不是保持在秘密仪式或私人想象之中。由于个人的好恶和个别的观点,假若没有为公众接受,客观性或不被歪曲就不可能保证。客观性的不受限特点,恰与在第二章所援引的布卢尔对客观性的定义"体制化信念"相反。这一定义用修道院的围墙包绕**客观的**之含义，科学家在修道院里可能真的变成"他自己狭隘性"或者体制的狭隘性的"弱智的牺牲品"。认为社会的和体制的壁垒不能被克服"无非是把困难夸大到不可能"；我们不是顾名思义的无钥匙的地牢中的囚徒。另一方面，被公众接受并不意味着，没有所需的知识背景，人人在判断科学命题的真理上皆有同等资格；在这一意义下，而且仅仅在这一意义下，科学不可避免地是"精英的"。

每一个真正的科学家所需拥有的客观性的气质，要求寻求大自然的真理为非功利的。如果一位实验家在寻求观察事实，她必须接受大自然的赐予，这种赐予与对她期望的富有成效的结果是否有利无关，或者与是否会阻碍她心爱的假说无关。如果一位理论家构建了一种猜想并且抛向公众以求在实验室里检验，他最后必须服从于这些检验的裁决，即使它破坏了他花费多年心血创立的理论。他可以在一段时间内反对实验者的结果，可以责备他们有观察误差或其他漏洞，以便他可以继续相信他的理论的美和真理，但是最后他不得不服从于大自然的裁决。此种对个人正直性的要求通常很难做到，查默斯说得好——"**客观性是一种实践成就**"，[25] 但是，这些要求从根本上说是科学赖以存在的基础。如果存在一种系统的意图，其实践者想通过镇压某些不利的证据或者阻挡与事实有矛盾的理论的传播，来推翻科学真理的公开性，科学真理的公开性就不能得以维持。

科学家在他们的交流中所使用的表达方式，是受他们力求客观和貌似客观的影响的。这是一种在局外人看来通常好像是枯燥无味的表达方式。你极有可能在一位科学家的著述中发现斜体字的陈述"物质由粒子组成"，而不是"我坚信物质由粒子组成"，但这与作者的确信程度无关。任何直率的断言"X"是把X公开以便讨论和争论，这时"我相信X"只有用"我不相信X"去反对。除非发生了激烈的冲突，"我不相信X"的说法或者是讨论的结束，或者是发现为什么像她这样的人**居然**相信"X"的分析的开始,这又将转向科学社会学的讨论。我的意思不是说在科学家陈述"X"的背后从未有过激情,或者表达"X"的人不能尽其所能使读者信服它的真理。事实上,大多数科学家强烈地感受到至少是部分科学的真理,他们之间的讨论往往变得十分火热。然而,在科学话语中,陈述"X"从来不意味着要带有靠地位来服人的学者气(*ex cathedra*),即使某些个人的傲慢自大表现出那种方式。需要将陈述及陈述人分开。在陈述和作出陈述的个体之间保持一段距离,也解释了为什么科学家有一种名声,总是使用被动句表述他们的结论,而很少用人格色彩的主动句:"X被史密斯所发现"比"史密斯发现了X"把发现者从其发现中推得更远。

客观性的理念现今受到严重攻击。愤世嫉俗者指出,与对被美化的著名科学家的神话传播不同,在许多具体例子中,这一理念被破坏了。当然,他们是对的,科学家也是人,并且由于他们的成就被公认就是他们的主要回报,他们为了他们的工作取得信任可能"走捷径"。同其他人一样,他们有时屈从于缺点,例如嫉妒、空虚;并且在十分罕见的情形下,甚至不诚实。[26]科学家们也是出名的好斗,某些女性主义者把这一特征与在科学中是男人而不是女人统治联系起来。当然,竞争性有时会削弱客观性,但若没有竞争性,成功的科学是否可能,是一个悬而未决的问题。科学合作的社会模型代替竞争的个人主义实践将运转得更为有效,尚待证明。科学的某些部分增长了和庞大经费的牵扯,而另一些部分和应用的领域相摩擦,在其中,政治激情的高涨使得此种问题更加恶化。不是所有的科学家能够保持超然和客观,许多曾经习惯于把他们视为超人的观察者现在醒悟过来了。不过少数人的失败兴许是没有支撑于这一理念的有效性上,并且应当保持他们的追求,作为对人类有巨大价值的手段。

但是,在很大程度上,科学相对于由其实践者施加的偏见灌输是特别稳定的，这就是它被广泛接受的特点之伟大美德所在。劳赫(Jonathan Rauch)正确地强调："该受到责备的不是偏见而是**未经检查的**偏见。自由科学的要点不在于无偏见(这是不可能的)，而在于认识到你自己的偏见可能是错误的，并且把它交给信念不同的人进行公开检查。"[27] 正如他指出的，

> 自由科学的天才，不在于做得远离教条和偏见，而在于**沟通**教条和偏见，使之通过造成教条反对教条、偏见反对偏见而在社会上有成效。[28]

在这一方面，科学类似于资本主义，它也处于操纵的破坏和不受欢迎的人类习性之中，就像贪欲和贪财，使之处于社会生产之中；这两个系统都是有显著成效的。然而，挑起"教条反对教条、偏见反对偏见"既不能减小客观性理念对这一事业整体上的重要性，也不能说明科学家在这一自校正系统的范围内非功利性的猛烈和惊人的破坏是合理的。客观性对所有对这个系统作贡献的人都是一种渴望，这是不可缺少的。

如果愤世嫉俗者对客观性的攻击是在觉醒的基础上，其他人这样做则基于一种政治基础。"科学方法依赖于一种我们女权主义者认为有问题的特别的客观性定义，"[29] 哈伯德(Ruth Hubbard)宣称，并补充说，"科学是客观的、不关心政治的、价值中立的，这一伪称显然是政治的。"[30] 事实上，有些科学批评家走得如此之远，以至于否定客观性的真实价值和可取性。按照这些评论者，这一理念应当保持无利益和客观，而不应被提交给普遍的社会改良、正义和随便他们认为值得的其他目的。对他们来说，喊出"我**相信** X"比起"X"要重要得多。就像哈伯德主张的，

> 科学和技术总是按照某些人的利益和为某些人或集团服务而运转。对于科学家"中立的"程度无非是指他们支持现存的利

益和权力的分配。[31]

科学在避免偏见或外部行为事项的意义上,是客观的,这既由于个体科学家摆脱了它们,又由于科学的公开性特点产生一种对这些效果的平衡。那些质疑科学的客观性的人,例如哈伯德和其他具有政治目的的人,声称所有的断言,包括那些科学家的断言,都必然带有阶级、种族、人种、性别、宗教、性偏爱或其他任何断言者的色彩。因此,在他们看来,客观性的目的是达不到的,乃至或许是不受欢迎的,因为知识就是力量,而这种力量是要被使用的,如果不是为了这一目的,便是为了另一目的。科学知识的巨大力量现今被应用于许多讨厌的和破坏性的目标;如果科学家被正确的政治意识所引导,他们就会避免寻求可能被有害地应用的知识,并且把他们已经得到的任何知识引向社会需求的方向。客观性阻止科学家沿着这条路走,因而就如同此类批评者所希望的被避开了。

知识就是力量乃人所共识,人们同样承认,科学成果已经被用于破坏性目的,就如用于许多著名的建设性和有益的目的一样。但是并不存在某种一贯有罪的知识,无知也可能被邪恶的政治目的所利用。因害怕答案被误用而关闭和禁止某些问题,乃是破坏科学的公开性特点,并且基于无知,不正确地把它归结于对社会和政治机构的一种决断权力。这种企图在过去总是失败,历史表明对它们没有什么好处,不管他们是由宗教还是由政府机构造成的。当我们责备科学家因为获得了具有潜在破坏性的成果,说他们似乎有一种"技术上的甜蜜"或者过分地热衷而置别的于不顾,也不管其结果为谁使用,就如同我们因为信息而责备信使,进而对所有的进一步传递者都锁起门来。保持无知,保护的仅仅是那些持续在黑暗中的人的良心,而不是身体。

价值

客观性这一论题把我们带到了关于价值及其与科学的关系的争论王国。确实,我们必须避免企图从科学真理导出伦理和道德处方的"自然主义谬误",那决不**应当**意味着对自休谟的著作以来的一种**是**(is)已经得到普遍的承认。不过,显然在科学家的日常活动中隐含存在伦理规则,其中有一些,当他们离开他们的工作时,确实伴随着他们。从实际的观点来看,这种隐含的道德力量对行为施加一种比显明规则更有力的影响。尽管毁誉可能来自那些尊重为一种更高的原因而作贡献的人,客观性是这些价值之一。确实存在一些场合,个人的道德承诺和政治目的值得大加赞扬,但如果它的公民的所生活献身的只是这种热烈的目的,则文明就不可能进步或维持长久。科学和艺术就要凋谢,就像庞加莱提醒我们的:"唯有通过科学和艺术,文明才是有价值的。"[32]确实,没有客观性,甚至追求正义也会堕落为寻求复仇。没有一个人能够是完全客观的,也就是说,我们所有人在某种程度上皆不可避免地有偏见,我们的思想和观念皆被我们的教养和社会环境所污染,这种主张具有一定的基础,但不能因此就说这种努力是不合理的。

客观性的科学理念的一种伴随物,是承认真正贡献的来源不必限制在任何一种文化、民族、性别或种族之中,不过许多这些群体的贡献在过去可能是有差别的。当然,在科学家和数学家中有许多个人偏见的例子。数学家克莱因(Felix Klein)认为"一种强大的朴素的空间直觉[是]日耳曼人种的属性,而批评的纯逻辑的感觉在拉丁人和希伯来人种中较为发达",[33]物理学家迪昂把德国科学家和数学家描述为缺少直觉[34],并且说英国人的头脑是"丰富和软弱的"以区别于"狭隘和强烈的"法国人头脑。[35]斯塔克和勒纳拥护"德国物理学"以反对爱因斯坦的"犹太人头脑"所追求的科学,著名的俄罗斯数学家庞特里亚金(Lev Pontryagin)以他的极端和活跃的反犹主义闻名。然而,这样一些个人偏见除外,自然科学家几乎总是努力战斗在反对过度不合理的沙文主义和过度顽固的前线。科学家的创造性工作穿过交战(热战或冷战)中的国界得到承认,缓和国际紧张局势的运动经常是由科学家发起的。在第一次世界大战结束不久,英国科学家就致力于同他们的德国同行和解,而那时德国还笼罩在愤懑和仇恨的乌云之下。国际科学界发起帕格沃什运动以减少对苏联仇视的冷战。显然这些活动基本上是科学家强烈忠诚于理性和客观性的结果。尽管个别物理学家对研制武器作出了重要的贡献,并且军事技术往往基于科学知识,众多国家却从不因科学原因而被推向战争,正如它们因宗教原因而交战。

孜孜以求真理,必须被认为是隐含在科学事业中的另一种价值。当然,因为这么说,我将被非难为天真的,因为我们从许多新近出版的传记中都知道,科学家很少是电影和自助神话中所描述的真理的纯粹爱恋者。事实上,他们通常彼此激烈竞争,他们对真理的探求有时同争夺优先权无法区分。但是,"在现代科学方法中,最为紧要的因素,"皮尔斯敏锐地写道,

> 不是跟随这样或那样的逻辑处方,尽管这些也已经有了它们的价值,但是它们已经成为精神因素。首先要真正地热爱真理并且深信除此之外没有什么能够长存。[36]

和大多数其他人类职业和活动相比,科学并不以承诺金钱所得、个人权力、公众喝彩来吸引有才能的男男女女。对追求真理的奖赏,是由对大自然认识的增加和被同行公认所带来的愉悦。政治隔离和仇视被我们对真理的无尽寻求而弱化了。费恩曼告诉我们:"在科学中怀疑每一个科学概念是一种中间的近似,而不是绝对假理或绝对真理的最后

结果,这是必不可少的。"[37]无论他们怎样确信自己在正确的轨道上,而他们的反对者误入歧途,科学家从不发动一次十字军东征,在终极真理的旗号下消灭异教徒。他们的旗帜更可能是铭写了启蒙哲学家和诗人莱辛(Gotthold Ephraim Lessing)的话:

> 如果上帝告诉我:在他的右手握着全部真理,在他的左手握着所有探求真理的活动,附带的条件是我将总是、永远是犯错误,要我在两手之间作出选择,我将谦卑地跪向他的左手……[38]

归根结底,坚韧不拔地探求(从未找到的)真理,以客观性的灯塔作为(从未取得的)理念,造就了遍及科学男男女女生活的**态度**。质疑权威就像他们呼吸空气一样自然;在一定意义上说,这**就是**他们所呼吸的空气。而且,没有人类努力的其他领域更多地被布罗诺斯基称作"真理性原则"所统治。

这种科学态度,靠现代技术的无孔不入对社会大施影响,曾经被某些批评家指责为我们文化的众多当代病。过分依赖理性,被说成是破坏了维持伦理和道德标准所需的宗教信仰。公道地说,对西方文明国家的这一评估来说,很难否认其存在某种道理。我们既看到我们周围宗教影响的降低和道德价值的衰落,无疑又看到,近400年科学的兴起在很大程度上造成了西方宗教信仰力的衰落。尽管科学家们对破除宇宙的神秘作出了贡献,他们仍不能够十分有效地向公众传递他们中的许多人随着认识大自然渐深而感到的那种敬畏。我们仅仅能够希望现今文化的愤世嫉俗和无政府主义状态是一种暂态,它在将来会被更为积极的前景所取代,科学价值(values of science)在其中居有核心地位。

不过,据我判断,有一种对暴风雨般的20世纪历史的完全误解,就像某些评论家所做的,将其病症归因于科学的权势。[39]我们目击的最大的变故,第二次世界大战,是由一阵标志着浪漫主义时代终结的非理性的痉挛引起的。纳粹并不是靠口号"理智和真理"而是靠"**血和土**"重整旗鼓的。他们是对理性的反动,20世纪的大部分强暴是,而且依然是,被基于神话的种族国家主义所驱动。科学鼓舞下的理性世界观是否将足够强大到克服这一黑暗的反对派,还需拭目以待。

即使技术的力量能够使许多现代冲突变得破坏性更大,科学的内在价值依旧服务于消除导致这种冲突的原因。理性确实比非理性更具有一种平静的影响,并且对大自然的最后的知识和认识服务于人类远胜于贩卖愚昧和迷信的恐怖。

尽管受到今天的流行的攻击,科学真理的概念仍然已经异常成功地服务于我们的文明。并非一种舒适的真理,而是一个众所周知的温伯格所做的注记"宇宙看上去越是可理解,它便越像是没有目的",[40]代表一种在我看来不适当的觉醒:一种**要点**(在温伯格的意义下,是**目的**)不是与我们的真理有关的。后来,温伯格承认他的陈述表达了"对于一个天堂宣告上帝的荣耀的世界的"怀乡之情。[41]这种对感情真理、宗教真理和科学真理的融合的渴望,也存在于当今对探索事业的攻击背后,不过这些范畴的融合不可挽回地失掉了。但是,科学当然能够慢慢使人获得伟大的感情的满足;实在说,许多物理学家目睹大自然通过其理论和发现所显露的雄伟和其结构的美。请听庞加莱所言:

> 科学家不是因为大自然有用才研究大自然;他研究它是因为他喜欢它,他喜欢它是因为它是美的。如果大自然不是美的,它就不值得了解,如果大自然不值得了解,生命就不值得活着。[42]

我们必须因了解大自然如何运转的喜悦而安下心来。已被撕成碎片的各种真理——科学真理和宗教真理,理性真理和感情真理——再也不能重新合而为一了。

注释：

1. 在他那篇长文"Consistent interpretations of quantum mechanics"中，Roland Omnès宣称"实验的结果总是真的"，并反复提到"特性的真理"。我承认，我不大明白他这是什么意思。

2. James, *Pragmatism and The Meaning of Truth*, p. 108；楷体字示原文中的斜体字。

3. 一个例子，是在部分西方哲学中起很大作用的**存在**(existence)一词。这些哲学讨论在某些不存在类似名词的语言里是不可翻译和难以理解的。

4. Tarski, *Logic*, *Semantics*, *Meta-Mathematics*.

5. 这个词的伦理和认识论含义与爱因斯坦理论的含义的混淆，导致对后者的大量原初敌意。我相信，我在本章中使用这个词的含义不会与爱因斯坦的含义相混淆。

6. Latour and Woolgar, *Laboratory Life*, p. 243；强调字体示原文中的斜体字。

7. Popper, "Normal science and its dangers", p. 56.

8. Rorty, *Philosophy and the Mirror of Nature*.

9. Hacking, *Representing and Intervening*.

10. Ziman, *Reliable Knowledge*, p. 107.

11. Fine, *The Shaky Game*, pp. 140-141.

12. Kuhn, *The Structure of Scientific Revolutions*.

13. Shimony, *Search for a Naturalistic World View*, vol. 1, p. 310.

14. 引自Bronowski, *Science and Human Values*, p. 30。

15. James, *Pragmatism and The Meaning of Truth*, p. 271.

16. Bronowski, *Science and Human Values*, p. 52.

17. Keller, *Secrets of Life*, *Secrets of Death*, p. 92.

18. Ziman, *Reliable Knowledge*, p. 83；强调字体示原文中的斜体字。

19. Poincaré, *The Foundations of Science*, p. 367.

20. Cushing, *Quantum Mechanics*.

21. Poincaré, *The Foundations of Science*, p. 352. 他指的是分类，但他所说的同样适用于我们这里所谈到的。

22. Elliott Lied强调数学语言的普适的跨文化特性，这种特性增强了它作为传递科学真理的载体的价值。(私人通信)

23. 转引自Rauch, *Kindly Inquisitors*, pp. 36-37，出自Raymond A. Moody, Jr. *Elvis after Life: Unusual Psychic Experiences Surrounding the Death of a Superstar*

(Atlanta: Peachtree, 1988),节录于*Harper's*, August 1988。

24. 引自1908年12月23日给Welby夫人的信;转引自Rauch, *Kindly Inquisitors*, p. 56;强调字体示原文中的斜体字。

25. Chalmers, *Science and Its Fabrication*, p. 49;强调字体示原文中的斜体字。

26. 与某些流行的观点相反,科学不诚或科学欺骗极为罕见,并几乎全部限于接近或处在实践应用的边界领域,在那里,是金钱回报而不是基础科学本身起较大作用。尽管如此,应当承认关于这一论题的过硬材料却几乎不存在。

27. Rauch, *Kindly Inquisitors*, p. 67;强调字体示原文中的斜体字。

28. 同上;强调字体示原文中的斜体字。

29. Hubbard, "Science, Facts, and Feminism", p. 125.

30. 同上, p. 128。

31. 同上。

32. Poincaré, *The Foundations of Science*, p. 355.

33. 转引自*Evanston Colloquium*, p. 46,载Hadamard, *The Psychology of Invention*, p. 107。

34. 转引自*Revue des Deux Mondes*, January-February 1915, p. 657,载Hadamard, *The Psychology of Invention*, p. 107。

35. Duhem, *The Aim and Structure of Physical Theory*, pp. 55ff.

36. Peirce, *Collected Papers*, vol. Ⅶ, p. 56.

37. 转引自Schweber, *QED and the Men Who Made It*, p. 463,出自费恩曼的一次公开讲演。

38. 我的译文出自辩论集"Eine Duplik"。见Gotthold Ephraim Lessing, *Sämmtliche Schriften* (Berlin, 1839), vol. Ⅹ, pp. 49–50。

39. Appleyard, *Understanding the Present.*

40. Weinberg, *The First Three Minutes*, p. 154.

41. Weinberg, *Dreams of a Final Theory*, p. 256.

42. Poincaré, *The Foundations of Science*, p. 366.

进一步的读物

一般读物

Cromer, Alan. *Uncommon Sense: The Heretical Nature of Science*. Oxford: Oxford University Press, 1993.

Einstein, Albert. *Ideas and Opinions*. New York: Crown Publishers, 1954.

Hempel, Carl G. *Aspects of Scientific Explanation, and Other Essays in the Philosophy of Science*. New York: Free Press, 1965.

Holton, Gerald, and Robert S. Morison, eds. *Limits of Scientific Inquiry*. New York: W. W. Norton, 1979.

Laudan, Larry. *Beyond Positivism and Relativism: Theory, Method, and Evidence*. Boulder, Colo.: Westview, 1996.

Medawar, Peter B. *The Art of the Soluble*. London: Methuen, 1967.

Weinberg, Steven. *Dreams of a Final Theory*. New York: Pantheon, 1992.

Wolpert, Lewis. *The Unnatural Nature of Science*. Cambridge, Mass.: Harvard University Press, 1992.

第一章　约定

Poincaré, Henri. *The Foundations of Science (Science and Hypothesis, The Value of Science, Science and Method)*. Lancaster, Penn.: Science Press, 1946.

Popper, Karl R. *The Logic of Scientific Discovery*. New York: Basic Books, 1959. [Sections 11, 19, and 46.]

第二章　科学是一种社会建构?

Chalmers, Alan F. *What Is This Thing Called Science? An Assessment of the Nature and Status of Science and Its Methods*, 2d ed. Milton Keynes: Open University Press, 1982.

Chalmers Alan F. *Science and Its Fabrication*. Minneapolis: University of Minnesota Press, 1990.

Cole, Stephen. *Making Science: Between Nature and Society*. Cambridge, Mass.: Harvard University Press, 1992.

Gross, Paul R. , and Norman Levitt. *Higher Superstition: The Academic Left and Its Quarrels with Science*. Baltimore: Johns Hopkins University Press, 1994.

Gross, Paul R. , Norman Levitt, and Martin W. Lewis, eds. *The Flight from Science and Reason.* New Your: New York Academy of Science, 1996.

Holton, Gerald. *Science and Anti-Science.* Cambridge, Mass.: Harvard University Press, 1993.

Laudan, Larry. *Science and Relativism: Some Key Controversies in the Philosophy of Science.* Chicago: University of Chicago Press, 1996.

Rauch, Jonathan. *Kindly Inquisitors: The New Attacks on Free Thought.* Chicago: University of Chicago Press, 1993.

Ziman, John. *Reliable Knowledge: An Exploration of the Grounds for Belief in Science.* Cambridge: Cambridge University Press, 1978.

第三章　科学的目的在于认识

Braithwaite, Richard Bevan. *Scientific Explanation: A Study of the Function of Theory, Probability and Law in Science.* Cambridge: Cambridge University Press, 1964.

Duhem, Pierre. *The Aim and Structure of Physical Theory.* Princeton: Princeton University Press, 1991.

Feynman, Richard. *The Character of Physical Law.* Cambridge, Mass.: MIT Press, 1993.

Holton, Gerald. *The Scientific Imagination: Case Studies.* Cambridge: Cambridge University Press, 1978.

第四章　解释工具

Barrow, John D. , and Frank J. Tipler. *The Anthropic Cosmological Principle.* Oxford: Oxford University Press, 1986.

Brown, James Robert. *The Laboratory of the Mind: Thought Experiments in the Natural Sciences.* London: Routledge, 1991.

Carter, Brandon. "Large number coincidences and the anthropic principle in cosmology. " In *Confrontation of Cosmological Theories with Observation,* ed. M. S. Longhair, p. 291. Dordrecht: Reidel, 1974.

Corey, M. A. *God and the New Cosmology: The Anthropic Design Argument.* Lanham, Md.: Rowman and Littlefield, 1993.

Crick, Francis. *Life Itself: Its Origin and Nature.* New York: Simon and Schuster, 1981.

Dawkins, Richard. *The Blind Watchmaker: Why the Evidence of Evolution Reveals a Universe without Design.* New York: Norton, 1987.

Gale, George. "The anthropic principle. " *Scientific American,* December 1981, p. 154.

Gardner, Martin. "WAP, SAP, PAPA, and FAP. " *The New York Review of Books*, 33

(May 8, 1986), pp. 22–25.

Holyoak, Keith J., and Paul Thagard. *Mental Leaps: Analogy in Creative Thought*. Cambridge, Mass.: MIT Press, 1995.

Judson, Horace F. *The Eighth Day of Creation: The Makers of the Revolution in Biology*. New York: Simon and Schuster, 1979.

Sorensen, Roy A. *Thought Experiments*. Oxford: Oxford University Press, 1992.

第五章 事实的作用

Allen, Leland. "The rise and fall of polywater." *New Scientist*, 59(1973), pp. 376–380.

Bolte, M., and C. J. Hogan. "Conflict over the age of the universe." *Nature*, 376 (August 3, 1995), pp. 399–402.

Collins, H. M. *Changing Order: Replication and Induction in Scientific Practice*. London: Sage, 1985. [Pages 78ff., concerning gravitational waves.]

Collins, H. M. "Son of seven sexes: The social destruction of a physical phenomenon." *Social Studies of Science*, 11 (1981), pp. 33–62. [Concerning gravitational waves.]

Huizinga, John R. *Cold Fusion: The Scientific Fiasco of the Century*. Rochester, N.Y.: University of Rochester Press, 1992.

Kragh, Helge. *Cosmology and Controversy: The Historical Development of Two Theories of the Universe*. Princeton: Princeton University Press, 1996.

Nye, Mary-Jo. "N-rays: An episode in the history and psychology of science." *Historical Studies in the Physical Sciences*, 11(1980), pp. 125–156.

第六章 理论的诞生与死亡

Lakatos, Imre. "Falsification and the methodology of scientific research programmes." In *Criticism and the Growth of Knowledge*, ed. Imre Lakatos and Alan Musgrave, pp. 91–195. Cambridge: Cambridge University Press, 1970.

Popper, Karl R. *The Logic of Scientific Discovery*. New York: Basic Books, 1959.

第七章 数学的威力

Barrow, John D. *Pi in the Sky: Counting, Thinking and Being*. Oxford: Clarendon Press, 1992.

Dyson, Freeman. "Mathematics in the physical sciences." In *The Mathematical Sciences*, ed. Committee on Support of Research in the Mathematical Sciences, pp. 97–115. Cambridge, Mass.: MIT Press, 1969.

Hardy, G. H. *A Mathematician's Apology*. Cambridge: Cambridge University Press, 1993.

Wigner, Eugene. "The unreasonable effectiveness of mathematics in the natural sciences." In *Symmetries and Reflections*, pp. 222–237. Bloomington: Indiana University Press, 1967.

第八章 因果性、决定论和概率

Popper, Karl. *Realism and the Aim of Science*. Totowa, N. J.: Rowman and Littlefield, 1983.

第九章 两种尺度上的实在

Heisenberg, Werner. *Physics and Philosophy: The Revolution in Modern Science*. New York: Harper, 1958.

第十章 亚微观层次上的实在

Cushing, James T. *Quantum Mechanics: Historical Contingency and the Copenhagen Hegemony*. Chicago: University of Chicago Press, 1994.

d'Espagnat, Bernard. *Veiled Reality: An Analysis of Present-Day Quantum Mechanical Concepts*. Reading, Mass.: Addison-Wesley, 1995.

Heisenberg, Werner. *Physics and Beyond: Encounters and Conversations*. New York: Harper and Row, 1971.

Heisenberg, Werner. *Physics and Philosophy: The Revolution in Modern Science*. New York: Harper, 1958.

Jammer, Max. *The Philosophy of Quantum Mechanics: The Interpretation of Quantum Mechanics in Historical Perspective*. New York: Wiley, 1974.

Mermin, N. David. "Is the moon there when nobody looks?Reality and the quantum theory." *Physics Today*, April 1985, pp. 38–47.

Omnès, Roland. *The Interpretation of Quantum Mechanics*. Princeton: Princeton University Press, 1994.

第十一章 真理和客观性

Bronowski, Jacob. *Science and Human Values*. New York: Harper and Row, 1965.

Ellis, Brian. *Truth and Objectivity*. Oxford: Blackwell, 1990.

Graham, Loren R. *Between Science and Values*. New York: Columbia University Press, 1981.

Horwich, Paul. *Truth*. Oxford: Blackwell, 1990.

Rescher, Nicholas. *The Coherence Theory of Truth*. Oxford: Clarendon Press, 1973.

参考文献

Allen, Leland. "The rise and fall of polywater." *New Scientist*, 59 (1973), pp. 376–380.

Appleyard, Bryan. *Understanding the Present: Science and the Soul of Modern Man.* New York: Doubleday, 1993.

Azzouni, Jody. *Mathematical Myths, Mathematical Practice: The Ontology and Epistemology of the Exact Sciences.* Cambridge: Cambridge University Press, 1994.

Barker, Lewis M. *Learning and Behavior: A Psychological Perspective.* New York: Macmillan, 1994.

Barnes, Barry. *T. S. Kuhn and Social Science.* London: Macmillan, 1982.

Barrow, John D. *Pi in the Sky: Counting, Thinking and Being.* Oxford: Clarendon Press, 1992.

Barrow, John D., and Frank J. Tipler. *The Anthropic Cosmological Principle.* Oxford: Oxford University Press, 1986.

Bloor, David. *Knowledge and Social Imagery.* London: Routledge, 1976.

Bloor, David. "The strength of the strong programme." *Philosophy of the Social Sciences*, 11 (1981), pp. 199–213.

Blume, Stuart S. *Toward a Political Sociology of Science.* New York: Free Press, 1974.

Bohm, D., and B. J. Hiley. *The Undivided Universe: An Ontological in Terpretation of the Quantum Theory.* New York: Routledge, 1993.

Bohr, Niels. "Can quantum mechanical description of physical reality be considered complete?" *Physical Review*, 48 (1935), p. 696.

Bolte, M., and C. J. Hogan. "Conflict over the age of the universe." *Nature*, 376(3 August 1995), pp. 399–402.

Braithwaite, Richard Bevan. *Scientific Explanation: A Study of the Function of Theory, Probability and Law in Science.* Cambridge: Cambridge University Press, 1964.

Bridgman, Percy W. *The Nature of Thermodynamics.* Cambridge, Mass.: Harvard University Press, 1941.

Bronowski, Jacob. *Science and Human Values.* New York: Harper and Row, 1965.

Brown, James Robert. *The Laboratory of the Mind: Thought Experiments in the Natural Sciences.* London: Routledge, 1991.

Butts, Robert E., and James Robert Brown, eds. *Constructivism and Science: Essays in Recent German Philosophy*. Dordrecht: Kluwer, 1989.

Carter, Brandon. " Large number coincidences and the anthropic principle in cosmology. " In *Confrontation of Cosmological Theories with Observation*, ed. M. S. Longhair, p. 291. Dordrecht: Reidel, 1974.

Chalmers, Alan F. *Science and Its Fabrication*. Minneapolis: University of Minnesota Press, 1990.

Chamers, Alan F. *What Is This Thing Called Science?An Assessment of the Nature and Status of Science and Its Methods*, 2d ed. Milton Keynes: Open University Press, 1982.

Clark, Ronald. Einstein: *The Life and Times*. New York: World Publishing, 1971.

Cole, Stephen. *Making Science: Between Nature and Society*. Cambridge, Mass.: Harvard University Press, 1992.

Collins, C. B. , and S. W. Hawking. "Why is the universe isotropic?" *Astrophysical Journal*, 180 (1973), pp. 317–334.

Collins, H. M. *Changing Order: Replication and Induction in Scientific Practice*. London: Sage, 1985.

Collins H. M. "Son of seven sexes: The social destruction of a physical phenomenon. " *Social Studies of Science*, 11 (1981), pp. 33–62.

Collins, H. M. , and G. Cox. "Recovering relativity: Did prophecy fail?" *Social Studies of Science*, 6 (1976), pp. 423–444.

Collins, H. M. , and T. Pinch. *The Golem: What Everyone Should Know about Science*. Cambridge: Cambridge University Press, 1993.

Cook, Sir Alan. *The Observational Foundations of Physics*. Cambridge: Cambridge University Press, 1994.

Corey, M. A. *God and the New Cosmology: The Anthropic Design Argument*. Lanham, Md.: Rowman & Littlefield, 1993.

Cox, R. T. , C. G. McIlwraith, and B. Kurrelmeyer. "Apparent evidence of polarization in a beam of ß-rays. " *Proceedings of the National Academy of Sciences*, 14(1928), p. 544.

Crick, Francis. *Life Itself: Its Origin and Nature*. New York: Simon and Schuster, 1981.

Cromer, Alan. *Uncommon Sense: The Heretical Nature of Science*. Oxford: Oxford University Press, 1993.

Cushing, James T. *Quantum Mechanics: Historical Contingency and the Copenhagen Hegemony*. Chicago: University of Chicago Press, 1994.

Dawkins, Richard. *The Blind Watchmaker: Why the Evidence of Evolution Reveals a Universe without Design*. New York: Norton, 1987.

d'Espagnat, Bernard. *Veiled Reality: An Analysis of Present-Day Quantum Mechanical Concepts.* Reading, Mass.: Addison-Wesley, 1995.

Diacu, Florin, and Philip Holmes. *Celestial Encounters: The Origins of Chaos and Stability.* Princeton: Princeton University Press, 1996.

Diamond, Jared M. "Daisy gives an evolutionary answer." *Nature,* 380 (14 March 1996), pp. 103–104.

Duhem, Pierre. *The Aim and Structure of Physical Theory.* Princeton: Princeton University Press, 1991.

Dyson, Freeman. "Mathematics in the physical sciences." In *The Mathematical Sciences*, ed. Committee on Support of Research in the Mathematical Sciences, pp. 97–115. Cambridge, Mass.: MIT Press, 1969.

Einstein, Albert. *Ideas and Opinions* [translation of Mein Weltbild]. New York: Crown Publishers, 1954.

Einstein, Albert. *Mein Weltbild.* Amsterdam: Querido Verlag, 1934.

Einstein, Albert. *Out of My Later Years.* New York: Philosophical Library, 1950.

Einstein, Albert. "Über einen die Erzeugung und Verwandlung des Lichtes betreffenden heuristischen Gesichtspunkt." *Annalen der Physik*, 17 (1905), pp. 132–148.

Einstein, Albert, and Leopold Infeld. *The Evolution of Physics: The Growth of Ideas from Early Concepts to Relativity and Quanta.* New York: Simon and Schuster, 1961.

Einstein, A., B. Podolsky, and N. Rosen. "Can quantum mechanical description of physical reality be considered complete?" *Physical Review*, 47(1935), p. 777.

Ellis, Brian. *Truth and Objectivity.* Oxford: Blackwell, 1990.

Elvee, Richard Q., ed. *The End of Science?* Lanham, Md.: University Press of America, 1992.

Evans-Pritchard, Edward Evan. *Witchcraft, Oracles, and Magic among the Azande.* Oxford: Clarendon Press, 1937.

Faraday, Michael. *Experimental Researches in Electricity,* vol. 3. London, 1855.

Feigl, Herbert. "Beyond peaceful coexistence." In M*innesota Studies in the Philosophy of Science*, 5 (1970), pp. 3–12.

Ferguson, Harvie. *The Science of Pleasure: Cosmos and Psyche in the Bourgeois World View.* London: Routledge, 1990.

Feuer, Lewis S. *Einstein and the Generations of Science.* New York: Basic Books, 1974.

Feyerabend, Paul. *Against Method.* London and New York: Verso, 1988.

Feynman, Richard. *The Character of Physical Law.* Cambridge, Mass.: MIT Press, 1993.

Fine, Arthur. *The Shaky Game: Einstein, Realism, and the Quantum Theory.* Chicago: University of Chicago Press, 1986.

Forman, Paul. “Weimar culture, causality, and quantum theory, 1918–1927: Adaptation of German physicists and mathematicians to a hostile intellectual environment. ” In *Historical Studies in the Physical Sciences*, ed. Russell McCormmach, pp. 1–115. Philadelphia: University of Pennsylvania Press, 1971.

Frege, F. L. G. *The Foundations of Arithmetic*, trans. J. L. Austin. Oxford: Blackwell, 1959.

Gale, George. “The anthropic principle. ” *Scientific American*, December 1981, p. 154.

Galison, Peter. *How Experiments End*. Chicago: University of Chicago Press, 1987.

Gardner, Martin. “WAP, SAP, PAPA, and FAP. ” *The New York Review of Books*, 33 (May 8, 1986), pp. 22–25.

Gell-Mann, Murray. *The Quark and the Jaguar: Adventures in the Simple and the Complex*. New York: W. H. Freeman and Co. , 1994.

Gell-Mann, Murray, and James B. Hartle. “Quantum mechanics in the light of quantum cosmology. ” In *Complexity, Entropy and the Physics of Information*, ed. W. H. Zurek, pp. 425–458. Reading, Mass.: Addison-Wesley, 1991.

Gellner, Ernest. *Legitimation of Belief*. Cambridge: Cambridge University Press, 1974.

Gibbins, Peter. *Particles and Paradoxes: The Limits of Quantum Logic*. Cambridge: Cambridge University Press, 1987.

Giere, Ronald. *Explaining Science*. Chicago: University of Chicago Press, 1988.

Gieryn, Thomas. “Relativist/constructivist programmes in the sociology of science: Redundance and retreat. ” *Social Studies of Science*, 12(1982), pp. 279–297.

Gordon, Scott. “Darwin and political economy: The connection reconsidered. ” *Journal of the History of Biology*, 22 (1989), pp. 437–459.

Graham, Loren R. *Between Science and Values*. New York: Columbia University Press, 1981.

Gross, Paul R. , and Norman Levitt. *Higher Superstition: The Academic Left and Its Quarrels with Science*. Baltimore: Johns Hopkins University Press, 1994.

Gross, Paul R. , Norman Levitt, and Martin W. Lewis, eds. *The Flight from Science and Reason*. New York: New York Academy of Science, 1996.

Hacking, Ian. *Representing and Intervening*. Cambridge: Cambridge University Press, 1983.

Hadamard, Jacques. *The Psychology of Invention in the Mathematical Field*. Princeton: Princeton University Press, 1945.

Harding, Sandra. *The Science Question in Feminism*. Ithaca, N. Y.: Cornell University Press, 1986.

Harding, Sandra. “Why physics is a bad model for physics. ” In *The End of Science?*

ed. Richard Q. Elvee, pp. 1–21. Lanham, Md.: University Press of America, 1992.

Hardy, G. H. *A Mathematician's Apology*. Cambridge: Cambridge University Press, 1993.

Harris, Henry. "Rationality in science." In *Scientific Explanation*, ed. A. F. Heath, pp. 36–52. Oxford: Clarendon Press, 1981.

Harvey, Bill. "Plausibility and the evaluation of knowledge: A case study of experimental quantum mechanics." *Social Studies of Science*, 11(1981), 95–130.

Harwood, Jonathan. *Styles of Scientific Thought: The German Genetic Community, 1900–1933*. Chicago: University of Chicago Press, 1993.

Heath, A. F., ed. *Scientific Explanation*. Oxford: Clarendon Press, 1981.

Heisenberg, Werner. *Physics and Beyond: Encounters and Conversations*. New York: Harper and Row, 1971.

Heisenberg, Werner. *Physics and Philosophy: The Revolution in Modern Science*. New York: Harper, 1958.

Hempel, Carl G. *Aspects of Scientific Explanation, and Other Essays in the Philosophy of Science*. New York: Free Press, 1965.

Hendry, John. "Weimar culture and quantum causality." *History of Science*, 18 (1980), pp. 155–180.

Hesse, Mary. "Need a constructive reality be non-objective?" In *The End of Science?* ed. Richard Q. Elvee, pp. 53–61. Lanham, Md.: University Press of America, 1992.

Hilbert, David. "Neubegründung der Mathematik, Erste Mitteilung," *Gesammelte Abhandlungen*, vol. 3, pp. 157–177. Berlin: Springer-Verlag, 1935.

Holton, Gerald. *Einstein, History, and Other Passions: The Rebellion against Science at the End of the Twentieth Century*. Reading, Mass.: Addison-Wesley, 1996.

Holton, Gerald. "From the endless frontier to the ideology of limits." In *Limits of Scientific Inquiry*, ed. Gerald Holton and Robert S. Morison, pp. 227–241. New York: W. W. Norton, 1979.

Holton, Gerald. *Science and Anti-Science*. Cambridge, Mass.: Harvard University Press, 1993.

Holton, Gerald. *The Scientific Imagination: Case Studies*. Cambridge: Cambridge University Press, 1978.

Holton, Gerald. *Thematic Origins of Scientific Thought—Kepler to Einstein*. Cambridge, Mass.: Harvard University Press, 1988.

Holton, Gerald. "Thematic presuppositions and the direction of scientific advance." In *Scientific Explanation*, ed. A. F. Heath, pp. 1–27. Oxford: Clarendon Press, 1981.

Holton, Gerald, and Robert S. Morison, eds. *Limits of Scientific Inquiry*. New York:

W. W. Norton, 1979.

Holyoak, Keith J. , and Paul Thagard. *Mental Leaps: Analogy in Creative Thought*. Cambridge, Mass.: MIT Press, 1995.

Home, D. , and M. A. B. Whitaker. "Ensemble interpretations of quantum mechanics: A modern perspective." *Physics Report*, 210 (1992), pp. 225–317.

Horowitz, Tamara, and Gerald J. Massey, eds. *Thought Experiments in Science and Philosophy*. Savage, Md.: Rowman and Littlefield, 1991.

Horwich, Paul. *Truth*. Oxford: Blackwell, 1990.

Hubbard, Ruth. "Science, facts, and feminism." In *Feminism and Science*, ed. Nancy Tuana, pp. 119–131. Bloomington: Indiana University Press, 1989.

Huizinga, John R. *Cold Fusion: The Scientific Fiasco of the Century*. Rochester, N. Y.: University of Rochester Press, 1992.

Hull, David. *Science as Process*. Chicago: University of Chicago Press, 1988.

Humphreys, Paul. "Why propensities cannot be probabilities." *The Philosophical Review*, 94 (1985), p. 557.

James, William. *Pragmatism and The Meaning of Truth*. Cambridge, Mass.: Harvard University Press, 1975.

Jammer, Max. *The Philosophy of Quantum Mechanics: The Interpretation of Quantum Mechanics in Historical Perspective*. New York: Wiley, 1974.

Jost, Res. *Das Märchen vom Elfenbeinernen Turm*. Berlin: Springer-Verlag, 1995.

Judson, Horace F. *The Eighth Day of Creation: The Makers of the Revolution in Biology*. New York: Simon and Schuster, 1979.

Kane, Gordon. *The Particle Garden: Our Universe as Understood by Particle Physicists*. Reading, Mass.: Addison-Wesley, 1995.

Kauffman, Stuart. *The Origins of Order: Self-Organization and Selection in Evolution*. Oxford: Oxford University Press, 1993.

Keller, Evelyn Fox. *Secrets of Life, Secrets of Death: Essays on Language, Gender and Science*. New York: Routledge, 1992.

Klein, Martin. "Some turns of phrase in Einstein's early papers." In *Physics as Natural Philosophy*, ed. A. Shimony and H. Feshbach, pp. 364–375. Cambridge, Mass.: MIT Press, 1982.

Knorr-Cetina, Karin D. *The Manufacture of Knowledge: An Essay on the Constructivist and Contextual Nature of Science*. New York: Pergamon, 1981.

Kragh, Helge. *Cosmology and Controversy: The Historical Development of Two Theories of the Universe*. Princeton: Princeton University Press, 1996.

Kuhn, Thomas S. *The Structure of Scientific Revolutions*, 2d ed. Chicago: University of Chicago Press, 1970.

Kuhn, Thomas S. *The Essential Tension*. Chicago: University of Chicago Press,

1977.

Lakatos, Imre. "Falsification and the methodology of scientific research programmes." In Imre Lakatos and Alan Musgrave, *Criticism and the Growth of Knowledge*, pp. 91–195. Cambridge: Cambridge University Press, 1970.

Kuhn, Thomas S. *Mathematics Science and Epistemology*. Cambridge: Cambridge University Press, 1978.

Lakatos, Imre, and Alan Musgrave, eds. *Criticism and the Growth of Knowledge*. Cambridge: Cambridge University Press, 1970.

Lakoff, George, and Mark Johnson. *Metaphors We Live By*. Chicago: Univer-sity of Chicago Press, 1980.

Laplace, Pierre-Simon de. *Essai sur les probabilités*(1819). English translation, New York: Dover, 1951.

Laskar, Jacques. "Large scale chaos and marginal stability in the solar system." In *XIth International Congress of Mathematical Physics*, ed. D. Iagolnitzer, pp. 75–120. Boston: International Press, 1995.

Latour, Bruno. *Science in Action*. Cambridge, Mass.: Harvard University Press, 1987.

Latour, Bruno, and Steve Woolgar. *Laboratory Life: The Social Construction of Scientific Facts*. Beverly Hills, Calif.: Sage Publications, 1979.

Laudan, Larry. *Beyond Positivism and Relativism: Theory, Method, and Evidence*. Boulder, Colo.: Westview, 1996.

Laudan, Larry. *Science and Relativism: Some Key Controversies in the Philosophy of Science*. Chicago: University of Chicago Press, 1990.

Lynch, Michael. *Art and Artifact in Laboratory Science*. London: Routledge and Kegan Paul, 1985.

Maddox, John. "More muddle over the Hubble constant." *Nature*, 376 (27 July 1995), p. 291.

Martin, David W. *Doing Psychology Experiments*. Pacific Grove, Calif.: Brooks Cole, 1991.

Marx, Leo. "Reflections on the neo-romantic critique of science." In *Limits of Scientific Inquiry*, ed. Gerald Holton and Robert S. Morison, pp. 61–74. New York: W. W. Norton, 1979.

McMahon, Thomas A., and John T. Bonner. *On Size and Life*. New York: Scientific American Books, 1983.

Medawar, Peter B. *The Art of the Soluble*. London: Methuen, 1967.

Medawar, Peter B. *The Threat and the Glory: Reflections on Science and Scientists*. Oxford: Oxford University Press, 1991.

Mehra, Jagdish. *The Beat of a Different Drum: The Life and Science of Richard Feyn-*

man. Oxford: Clarendon Press, 1994.

Mendelsohn, E. , P. Weingart, and R. Whitley, eds. *The Social Production of Scientific Knowledge*. Dordrecht: Reidel, 1974.

Merchant, Carolyn. *The Death of Nature: Women, Ecology and the Scientific Revolution*. New York: Harper and Row, 1980.

Mermin, N. David. "Is the moon there when nobody looks? Reality and the quantum theory. " *Physics Today*, April 1985, pp. 38–47.

Merton, Robert. *The Sociology of Science: Theoretical and Empirical Investigations*. Chicago: University of Chicago Press, 1973.

Monroe, C. , et al. "A 'Schrödinger cat' superposition state of an atom. " *Science*, 272 (24 May 1996), pp. 1131–1136.

Newton, Roger G. *What Makes Nature Tick?* Cambridge, Mass.: Harvard University Press, 1993.

Nowotny, Helga. "Science and its critics: Reflections on anti-science. " In *Counter-movements in the Sciences*, ed. H. Nowotny and H. Rose, pp. 1–26. Dordrecht: Reidel, 1979.

Nowotny, H. , and H. Rose, eds. *Counter-movements in the Sciences*. Dordrecht: Reidel, 1979.

Nye, Mary-Jo. "N-rays: An episode in the history and psychology of science. " *Historical Studies in the Physical Sciences*, 11 (1980), pp. 125–156.

Omnès, Roland. "Consistent interpretations of quantum mechanics. " *Reviews of Modern Physics*, 64 (1992), pp. 339–382.

Omnès, Roland. *The Interpretation of Quantum Mechanics*. Princeton: Princeton University Press, 1994.

Pais, Abraham. *"Subtle is the Lord ...": The Science and the Life of Albert Einstein*. Oxford: Oxford University Press, 1982.

Park, David. *The How and the Why: An Essay on the Origins and Development of Physical Theory*. Princeton: Princeton University Press, 1988.

Peirce, Charles S. *Collected Papers*, vol. 7, Science and Philosophy, ed. E. W. Burks. Cambridge, Mass.: Harvard University Press, 1966.

Peterson, Ivars. *Newton's Clock: Chaos in the Solar System*. New York: Freeman, 1993.

Pickering, Andrew. "Against putting the phenomena first: The discovery of the weak neutral current. " *Studies in the History and Philosophy of Science*, 15 (1984), p. 87.

Pickering, Andrew. "Constraints on controversy: The case of the magnetic monopole. " *Social Studies of Science*, 11 (1981), pp. 63–94.

Pickering, Andrew. *Constructing Quarks: A Socilological History of Particle Physics*.

Chicago: University of Chicago Press, 1984.

Pickering, Andrew. *The Mangle of Practice: Time, Agency and Science.* Chicago: University of Chicago Press, 1996.

Pinch, Trevor J. "The sun-set: The presentation of certainty in scientific life." *Social Studies of Science*, 11 (1981), 131–156.

Poincaré, Henri. *The Foundations of Science (Science and Hypothesis, The Value of Science, Science and Method).* 1913; Lancaster, Penn.: Science Press, 1946.

Polanyi, Michael. *Personal Knowledge: Towards a Post-Critical Philosophy.* Chicago: University of Chicago Press, 1958.

Polkinghorne, John. *Rochester Roundabout: The Story of High Energy Physics.* New York: W. H. Freeman, 1989.

Popper, Karl R. *The Logic of Scientific Discovery.* New York: Basic Books, 1959.

Popper, Karl R. "Normal science and its dangers." In *Criticism and the Growth of Knowledge*, ed. Imre Lakatos and Alan Musgrave, pp. 51–58. Cambridge: Cambridge University Press, 1970.

Popper, Karl R. *Quantum Theory and the Schism in Physics.* Totowa, N. J.: Rowman and Littlefield, 1982.

Popper, Karl R. *Realism and the Aim of Science.* Totowa, N. J.: Rowman and Littlefield, 1983.

Post, E. L. "Introduction to a general theory of elementary propositions." *American Journal of Mathematics*, 43 (1921), pp. 163–185.

Przibram, K. , ed. *Letters on Wave Mechanics—Schrödinger, Planck, Einstein, Lorentz.* New York: Philosophical Library, 1967.

Rauch, Jonathan. *Kindly Inquisitors: The New Attacks on Free Thought.* Chicago University of Chicago Press, 1993.

Reichenbach, H. *Philosophic Foundations of Quantum Mechanics.* Berkeley: University of California Press, 1944.

Rescher, Nicholas. *The Coherence Theory of Truth.* Oxford: Clarendon Press, 1973.

Rorty, Richard. *Philosophy and the Mirror of Nature.* Oxford: Blackwell, 1980.

Rudwick, Martin J. S. *The Great Devonian Controversy: The Shaping of Scientific Knowledge among Gentlemanly Specialists.* Chicago: University of Chicago Press, 1985.

Salmon, Wesley. *Four Decades of Scientific Explanation.* Minneapolis: University of Minnesota Press, 1990.

Schmidt, Siegried J., ed. *Der Diskurs des Radikalen Konstruktivismus.* Farnkfurt am Main: Suhrkamp, 1987.

Schweber, Silvan S. QED and the Men Who Made It: Dyson, Feynman, Schwinger, and Tomonaga. Princeton: Princeton University Press, 1994.

Shapin, Steven. *A Social History of Truth: Civility and Science in Seventeenth Century*

England. Chicago University of Chicago Press, 1994.

Shapin, Steven, and Simon Schaffer. *Leviathan and the Air-Pump: Hobbes, Boyle, and the Experimental Life*. Princeton: Princeton University Press, 1985.

Shimony, Abner. *Search for a Naturalistic World View*. Vol. 1: Scientific Method and Epistemology; Vol. 2: *Natural Science and Metaphysics*. Cambridge: Cambridge University Press, 1993.

Sinsheimer, Robert L. "The presumptions of science. " In *Limits of Scientific Inquiry*, ed. Gerald Holton and Robert S. Morison, pp. 23–36. New York: W. W. Norton, 1979.

Sokal, Alan D. "Transgressing the boundaries: Towards a transformative hermeneutics of quantum gravity. " *Social Text*, 46 / 47(1996), pp. 217–252.

Sorensen, Roy A. *Thought Experiments*. Oxford: Oxford University Press, 1992.

Stent, Gunther S. "Cognitive limits and the end of science. " In *The End of Science?* ed. Richard Q. Elvee, pp. 75–90. Lanham, Md.: University Press of America, 1992.

Strong, J. *Concepts of Classical Optics*. San Francisco, W. H. Freeman, 1958.

Tarski, Alfred. *Logic, Semantics, Meta-Mathematics*, 2d ed. Indianapolis: Hackett Publishing Co. , 1983.

Taylor, J. G. , ed. *Tributes to Paul Dirac*. Bristol: Adam Hilger, 1987.

Teller, Paul. *An Interpretive Introduction to Quantum Field Theory*. Princeton: Princeton University Press, 1995.

Traweek, Sharon. *Beamtimes and Lifetimes: The World of High Energy Physicists*. Cambridge, Mass.: Harvard University Press, 1988.

Wallace, Philip R. *Paradox Lost: Images of the Quantum*. New York: Springer-Verlag, 1996.

Weinberg, Steven. *Dreams of a Final Theory*. New York: Pantheon, 1992.

Weinberg, Steven. *The First Three Minutes: A Modern View of the Origin of the Universe*. New York: Basic Books, 1977.

Weiner, Jonathan. *The Beak of the Finch: The Story of Evolution in Our Time*. New York: A. A. Knopf, 1994.

Whittaker, Edmund. *A History of the Theories of Aether and Electricity: The Classical Theories*. London: Thomas Nelson and Sons Ltd. , 1951.

Wigner, Eugene. "The unreasonable effectiveness of mathematics in the natural sciences. " *Communications in Pure and Applied Mathematics*, 13, no. 1 (1960). Reprinted in Symmetries and Reflections, pp. 222–237. Bloomington: Indiana University Press, 1967.

Winch, Peter. "Understanding a primitive society. " *American Philosophical Quarterly*, 1(1964), pp. 307–324.

Wolpert, Lewis. *The Unnatural Nature of Science*. Cambridge, Mass.: Harvard University Press, 1992.

Ziman, John. *Reliable Knowledge: An Exploration of the Grounds for Belief in Science*. Cambridge: Cambridge University Press, 1978.

图书在版编目(CIP)数据

何为科学真理:月亮在无人看它时是否在那儿/(美)罗杰·G·牛顿著;武际可译.—上海:上海科技教育出版社,2020.5(2024.5重印)

(哲人石丛书:珍藏版)

ISBN 978-7-5428-7275-3

Ⅰ.①何… Ⅱ.①罗… ②武… Ⅲ.①物理学—研究 Ⅳ.①04

中国版本图书馆CIP数据核字(2020)第054710号

责任编辑 潘 涛 叶 剑 伍慧玲
封面设计 肖祥德
版式设计 李梦雪

何为科学真理——月亮在无人看它时是否在那儿
[美]罗杰·G·牛顿 著
武际可 译

出版发行 上海科技教育出版社有限公司
(201101上海市闵行区号景路159弄A座8楼)
网 址 www.sste.com www.ewen.co
印 刷 常熟文化印刷有限公司
开 本 720×1000 1/16
印 张 17
版 次 2020年5月第1版
印 次 2024年5月第5次印刷
书 号 ISBN 978-7-5428-7275-3/N·1088
图 字 09-2020-450号
定 价 52.00元

THE TRUTH OF SCIENCE:
Physical Theories and Reality
by
Roger G. Newton